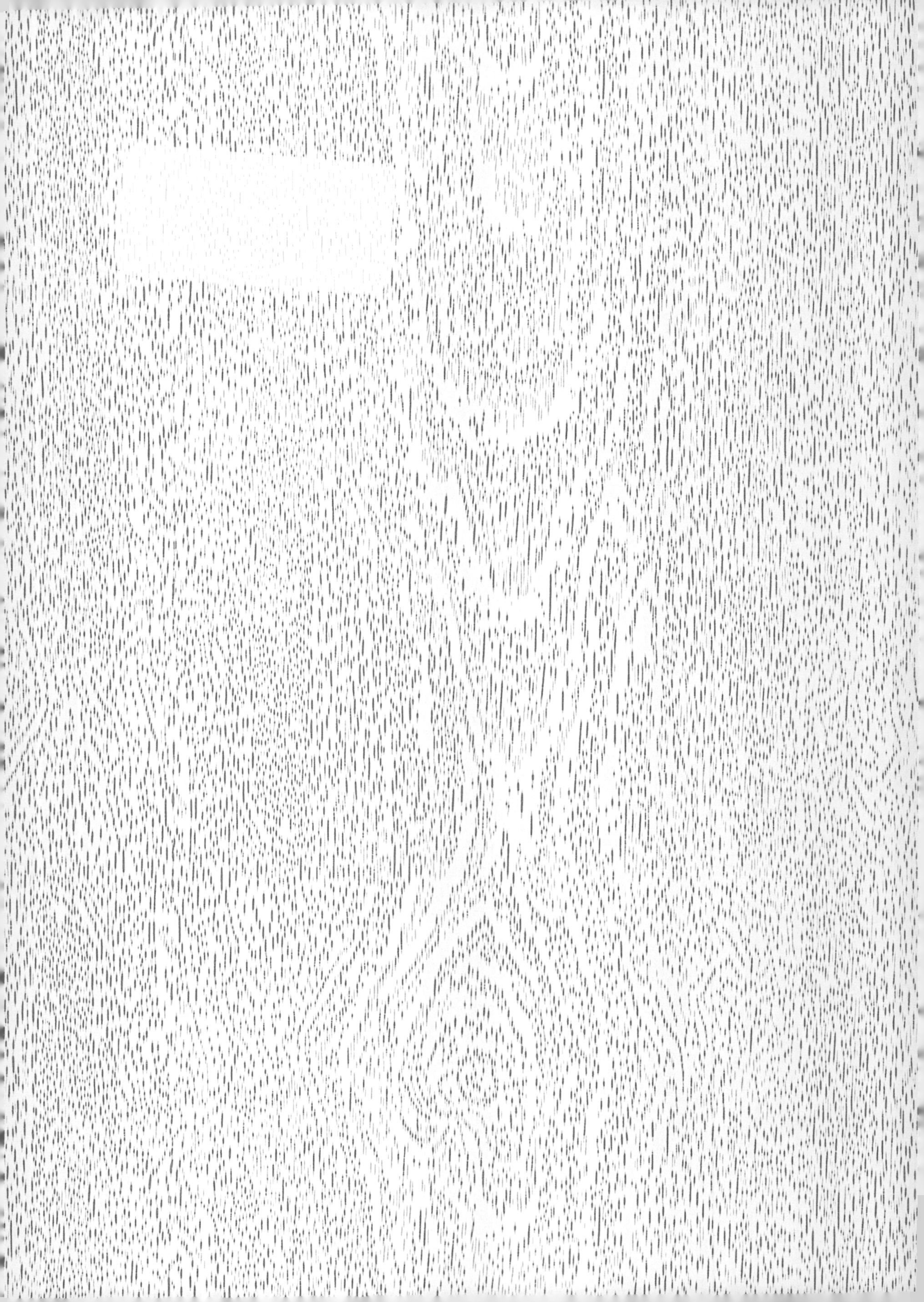

甘泉与白沙

心学大师湛若水丛书

刘兴邦/著

广州新华出版发行集团
广州出版社

图书在版编目（CIP）数据

甘泉与白沙／刘兴邦著．—广州：广州出版社，2017.7
（心学大师湛若水丛书）
ISBN 978-7-5462-2581-4

Ⅰ．①甘…　Ⅱ．①刘…　Ⅲ．①湛若水（1466—1560）—人物研究　Ⅳ．①B248.99

中国版本图书馆CIP数据核字（2017）第171513号

出品人　杨　斌
书　　名　甘泉与白沙
Ganquan yu Baisha
出版发行　广州出版社
（地址：广州市天河区天润路87号9楼、10楼　邮政编码：510635
网址：www.gzcbs.com.cn）
策　　划　柳宗慧
责任编辑　杨珊珊　区力文
文字编辑　周振宇
责任校对　李少芳
封面设计　肖晓文
印刷单位　广东信源彩色印务有限公司
（地址：广州市番禺区南村村东兴工业园　邮政编码：511442）
规　　格　889毫米×1194毫米　16开
字　　数　127千
印　　张　8
版　　次　2017年7月第1版
印　　次　2017年7月第1次
书　　号　ISBN 978-7-5462-2581-4
定　　价　32.00元

前　言

湛氏若水（1466—1560），初名露，字民泽，后因避祖讳，改名雨，40岁时开始定名若水。字元明，号甘泉，谥号文简。明代著名思想家、教育家、政治家。甘泉是明代心学奠基者陈白沙的衣钵传人，他们创立的学派被称为岭南心学，以便区别于王阳明为代表的阳明心学。甘泉寿高，享年95岁，年少之时父亲去世，只能跟随母亲四处飘零，生活不乏艰难困苦。尔后经过科举仕进，由朝廷中的庶吉士做起，最后做了官属二品的礼部、吏部、兵部的三部尚书。当然，他曾亲历了明代官场的险恶，也懂得人间世故，虽然也会遇到诬蔑、陷害，甚至弹劾之类，但他都能安然度过，这其中不乏有人生智慧。甘泉一生不忘讲学，创办书院，招收门徒，传道授业、明理解惑。他勤于著述，善于思考，学术成果丰硕，思想博大精深，其中有经济的、政治的、礼法的、教育的、家规的、哲学的，等等，不愧为一代宗师，与同时代的王阳明堪称思想双峰。不唯如此，他的书院思想以及甘泉学派思想的形成及传承等，都值得人们去认真研究，以便从中汲取精华，为现代的社会建设、经济发展、精神文明、人格培养提供可以借鉴的理论资源。

甘泉学说继承白沙，白沙学说的基本特点是突出人的主体性以及人的本体地位。“天地我立，万化我出，而宇宙在我。”“我”非小我，也非私我，“我”是大我，也是天理。这个“我”是一种境界，也是一种胸怀，“我”是堂堂正正，直道而行，正义凛然，顶天立地。同时，也有一种理性认知，“我”不囿于一己之私，不拘于陈说陋习，也不屈于世俗权威。“我”的特点在“知疑”，“学贵知疑”。学是觉悟，疑是批判。只有思考批判，才能有所觉悟，也才会有进步，小疑小进步，大疑大进步，不疑不进步。白沙主张“静坐”，因为“静坐”，“久之，然后见吾此心之体隐然呈露，常若有物”。即“静坐”能体悟到“心”之本体的存在。平时人们可能会因为外在事物的缠绕，生活的繁忙，忘记了对自我的反省，忘记了“吾日三省吾身”。而只有在“静”下来的时候才会去思考什么是有意义的，什么是无意义的，什么是值得的，什么是不值得的。所以“静”是一种消极自由，一种不被世俗左右的自由，这实际就是意志自由、人格独立。和“主静”有关的是“自得”，所谓“自得者，不累于外物，不累于耳目，不累于造次颠沛，鸢飞鱼跃，其机在我”。“自得”说的是自主，不仅不被外物决定，而且又是自由自在，即“鸢飞鱼跃，其机在我”。因为“我”是主体。当然，白沙哲学中还有个“自然”范畴，“自然”源自道家，白沙引用了，并把它作为自己哲学的基本范畴，同时赋予了“心学”的意义。“自然”是“道”，“自然之乐，乃真乐也。宇宙间复有何事”。人生真正的“乐”是对“道”的“乐”，对于“道”的“乐”就是“自然之乐”，有了这种“乐”，其他的乐也就不算什么了。白沙处世大气，为人狂放，常思“我大而物小”，物之小者不足以夺取我之大者。作为儒者，他的自由绝对不是肆无忌惮、放荡不羁，而是“从心所欲而不逾矩”，是在自由洒落中对于义理的坚守，“义理须到溶液处，操存须到洒落处”。

甘泉学说不同白沙学说，白沙主静，甘泉主敬，甘泉说：“善学者，必令动静一于敬，敬立而动静浑矣。此合内外之道也。”什么是内外之道，内是道德理性，外是道德实践，道德理性很好地落实在道德实践中就是合内外之道。如果说“静”是一种消极自由，是不累于物，那么，“敬”就是一种积极自由，它要求儒者对于道德律令的真诚遵守，即先哲说的“执事敬”。实际上，这就是甘泉所理解的“自得”。在他看来，人能“执事敬”，就能有“自得”。他说：“若仆之愚见，则于圣贤常格内寻下手，庶有自得处。”“常格内寻下手”就是“体认天理”，“随处体认天理”是甘泉的发明，白沙给予了充分肯定：“日用间随处体认天理，著此一鞭，何患不得到古人佳处也。”甘泉解释：“吾之所谓随处云者，随心、随意、随身、随家、随国、随天下、随其所寂所感时耳，一耳。寂则廓然大公，感则物来顺应，所寂所感不同，而皆不离于吾心中正之本体。”就是在任何时候、任何情况下都要自觉体认“天理”的存在，并把它贯彻下去。不论是动，还是静，是感，还是寂，都不要忘记“天理”。寂静之时的“廓然大公”和动感之时的“物来顺应”，都是对于“天理”的自觉。所以，在“体认天理”的过程中，既有“心”，也有“物”；既有“知”，也有“行”。故“体认天理者，兼知行、合内外言之也。”“体认天理”包含了知行合一、表里如一和言行一致。它是一种工夫，工夫熟后，即是“自然”。所谓“自然”者，不见人为，不假人力，“不勉而中，不思而得”，自然而然，毫无造作，它是一种修养，也是一种境界。

甘泉不同于阳明，尽管他们是好朋友，也都属于心学一系。但他们都不苟且于对真理的探索和坚持，在具体的学术观点上他们有分歧。甘泉讲“心无所不包”和“心无所不贯”。阳明讲“心外无物”和“心外无理”。“心无所不包”说的是“心”包含了万物的存在，形上之“心”是万物的价值之源，“心无所不贯”说的是形上之“心”贯穿于万事万物中，当然也贯穿在人的言行当中。阳明讲“心外无物”突出了形上之“心”的价值之源，强调的是“致良知”，同时，在价值存在上否认了“物”的独立自在性，故后来的王学禅化在这里就埋下了伏笔。日本学者冈田武彦对甘泉的评价也许能说明问题：“湛甘泉豪迈峻敏，虽在力量上不如使其学风靡一代的阳明，但却比阳明资格稍老。他始终以体认之学为宗，其学与王学相互出入。阳明死后，湛甘泉又保持三十余年的长寿，在纠正当时朱子学亚流之弊的同时，又致力于救正王学亚流的猖狂之弊。”应该说，这个评价比较公允。

除了哲学之外，甘泉还有教育、礼法、政治，乃至经济思想等。甘泉重视教育，据史料记载：他建的书院（包括帮他建书院者）就有35所，其中广东地区有22所，如在西樵山建云谷书院、大科书院，在增城建龙潭书院、独冈书院、莲洞书院，在罗浮山建甘泉精舍、天华精舍，在白云山建白云书院，在广州建天关书院等。他的弟子接近4000人。陈裕荣编著的《湛甘泉门生弟子考录》一书记载有名有姓的弟子就达649位。明末清初的黄宗羲，在师承上就属甘泉的四传，即甘泉传唐枢，唐枢传许孚远，许孚远传刘宗周，刘宗周传黄宗羲。在教育中，甘泉重视人格培养和实践教学，他说：“君子之学也，犹之锻金也，不炉不锤则金不精。事也者，学之炉锤也，不历事则仁不熟。不熟，仁之弃也。夫仁也者，贵熟之。”人的品质不仅是学来的，更重要的是锻炼出来的，这锻炼就是在事上磨，事上磨就是社会实践。

甘泉关注礼教，不论是在书院的训规中，还是自己的家训中，都讲到许多有关礼规的内容，同时也非常重视这方面的训练。这其中就包括日常生活中的洒扫应对、爱亲敬长、隆师亲友等。这些都是做人的基本礼节。如《大科训规》说：“诸生相处，务守长幼之节。”“诸生相聚，不可自是自高，无长幼之序，虚心相下，非但礼所当然，亦且受益。”说的是弟子之间的相互尊重。《家训》讲：“凡父母在，兄弟不得各爨。每晨与兄弟同造父母之所，问夜寝安否，食能美否。父母问诸子过失否，过失安在，各前跪对。”其中所说应该以家庭的统一为重，子女要向父母问候请安，父母要问子女做事有无过错。另外，对于传统的吉礼、凶礼、军礼、宾礼和嘉礼，以及乐、射、御中有关礼的问题也都有论述。

在政治经济方面，他承续中国的德治传统，主张以德治国，强调对于“国之理”的认知。他说：治国首先要认识“国之理”，“《大学·治国章》以孝、弟、慈，以心，以仁让，以恕言之，吾心感应乎国之理也，是故事君使臣也、立教兴化也、事长慈幼也、使众临民也、正朝廷也、正百官也、正万民也，皆国之事理也。”这说明治国不能离开德的要求，礼法固然重要，但德更为基本，礼法应该建立在德的基础之上。在经济上，他重视农桑，强调民事的重要性，“事神者，敬天是也。治民者，农桑是也。……农桑之务，乃衣食之源，民事之最急者也。”

总之，甘泉思想中蕴含着丰富的宝藏，需要人们去挖掘、研究和传扬。广东省岭南心学研究会近年来主持并完成了国家古籍整理出版资助项目《湛若水全集》（约400万字）的点校，同时组织《心学大师湛若水丛书》课题，经广东省社科联积极向中共广东省委宣传部申报广东省“理论粤军”项目，课题获得批准。广州出版社对《心学大师湛若水丛书》的出版高度重视，列入重点项目出版计划，精心组织出版。我们在整理甘泉思想资料的基础上，推出这套丛书，目的是从不同维度去揭示其思想内涵，呈现其历史意蕴，发现其所潜含的现代价值。希望丛书能够对读者全方位地了解湛若水有所裨益。

广东省岭南心学研究会

2017年7月25日

目　录

第一章

拜师江门　受学白沙

湛甘泉，名若水，字元明，明代著名的哲学家、政治家、教育家。湛甘泉于明孝宗弘治七年（1494年）以举人的身份拜陈白沙为师，后成为明代心学开创者陈白沙的衣钵传人、岭南心学思想的集大成者。他创造性地继承和创新性地发展了白沙心学思想，与白沙心学共同构成了岭南心学派别，形成了独具特色的岭南心学思想体系。湛甘泉成为岭南著名哲学家、政治家、教育家，与他良好的家庭环境的熏陶是分不开的。湛甘泉出生于耕读传家的乡贤之家，他的高祖湛怀德是当时著名的正义之士，具有爱乡、爱国的家国情怀。湛怀德心怀正义，爱民爱乡，因保卫地方平安而被封为“元帅”，又被人们称为“义士”，后人建“义士祠”纪念他。湛甘泉的祖父湛江勤劳创业、勤俭持家、孝敬父母，同时他又读书问学，友爱乡邻、乐善好施、扶贫济困，是当地有名的乡贤，朝中官员为他作传。湛甘泉的父亲湛瑛为人诚恳、正直、不畏强权、疾恶如仇，是当时人们称赞的真君子。祖辈和父辈的为人和品格对湛甘泉产生了深刻的影响，他从小就形成了正直的品格，养成刻苦学习的习惯。湛甘泉长大成人后，寻师访友，多方求学，最后以举人的身份拜师广东大儒陈白沙，求学于江门，成为陈白沙的弟子。

一、广州举人

湛甘泉于明成化二年（1466年）出生于广东省增城县甘泉都沙贝村（今广州市增城区新塘镇），是广州市增城区新塘镇湛氏第七代。对于自己的家世，湛甘泉在明嘉靖十二年（1533年）写的《述先德诗四十韵》中做了简单的介绍。《述先德诗四十韵》既介绍了增城新塘先祖的优秀品德，也介绍了家族的世系源流。广州市增城区新塘镇湛氏第一代——湛露，原籍福建莆田。元大德年间（1297—1307年），他在广东德庆路做官，官职为“治中”。“路”是元代地方行政区域，地方行政区域的首府为总管府，它隶属于省，相当于现在的地级市。“治中”是总管府的副职，相当于现在地级市的副市长。湛露任德庆路的副长官，协助总管府长官处理德庆路的日常事务。湛露于元大德五年（1301年）离任，返回老家福建莆田。湛露在返途中，路过广东增城新塘，被新塘便利的地理位置和优越的自然条件所吸引。新塘地处东江下游北岸，南临南海，西靠广州，交通十分便利。新塘土地肥沃，物产丰富，是珠江三角洲平原腹地，于是湛露决定定居在此。湛露以外地退休官员的身份定居新塘沙贝村，在当时来说，应该算当地的乡贤。

湛露是增城新塘湛氏一世祖。湛露有两个儿子，长子湛世忠，次子湛晚丁。湛晚丁曾任增城县主簿，主簿是一种官职，其地位在知县之下，是知县的副手，其职责是辅佐知县处理县城的日常事务。湛晚丁身居副县职，可以说是当地的乡绅。湛晚丁是湛甘泉的二世祖。湛甘泉说：“再传县簿君，民事亦簿领。”湛晚丁的儿子湛怀德，是湛甘泉的高祖。湛怀德生于元代末年，时逢天下大乱，阶级矛盾、民族矛盾尖锐复杂，各地群雄割据，社会秩序混乱，人民的生命财产常常受到侵犯，地处广东增城的新塘也不例外。为了维护新塘的社会秩序，保障人民的生命财产安全，湛怀德联合新塘地区的湛、麦、谢三姓村民，实行村民自治。同时，湛怀德被推举为维护当地社会秩序、保障家乡人民生命财产安全的统领，号称“保障头目”。

当时“保障头目”的权力很大，担任这个职位的人不但要行使村民自治的权力，维护地方的社会秩序，保障人民生命财产的安全，而且他还拥有执法大权，掌管村民个人的生死。湛怀德作为“保障头目”，当然掌握着村民个人的生死大权。元代末年，社会动乱，滥用刑法的现象比比皆是，而且都比较严酷，一般的盗窃都被处以死刑。据《增江志》记载，湛怀德担任“保障头目”时，有村民盗窃别人家鱼塘中的鱼，被定为盗窃罪，处以死刑。湛怀德觉得刑法过于严厉，有滥用刑法的嫌疑。于是，他灵活执法，先让盗鱼的人回家看望父母妻儿，向父母谢罪，向妻儿辞行，然后按时回来接受刑法的处罚。盗鱼的人答应了湛怀德的要求，回家看望了父母妻儿。同时，盗鱼的人信守诺言，如期回来接受刑法的处罚。湛怀德被盗鱼的人的诚信所感动，他认为因盗鱼之罪处以死刑，就是滥用刑法的表现，也不符合以德治国的原则。于是，湛怀德将盗鱼的人赦免释放了。“湛公有恩及人，人有盗池魚者，时法严当死，头目得专生杀，公遣归辞其父母妻子来就刑，则依期而来，公曰‘死不复生，断不复续’宥之。”湛怀德灵活执法的行为，既体现了他对当时法制混乱、滥用刑法的不满，也体现了他以德治人、以德服人的仁德之心、正直之心。这样的事情，同样表现在他释放邻村的罪犯上。有一次，湛怀德路过邻村，正好看到该村也在滥杀人犯。湛怀德十分同情他们，为了挽救他们的生命，湛怀德对该村的执法官说：“我们村没有杀过罪犯，因而百姓不惧怕死亡。请你把犯人借给我，我代替你在我们村执行刑法，使我们村的百姓受到法制的教育。”可是，在押送人犯回村的途中，湛怀德暗中释放了这批罪犯，使他们免遭了滥用刑法的惩处。“公访戴元帅，见其方杀人，公怜之，绐曰：‘吾乡无可杀人，人不畏，请乞归斩之。’及与俱归，则密释之。”由于湛怀德推行仁德之治，他所治理的乡村社会秩序稳定，社会治安良好，百姓安居乐业，被当时的官员何真授予“元帅”的称号。

明太祖朱元璋洪武年间（1368—1398年），由于统治阶级的剥削和压迫，国内的阶级矛盾依然存在，社会秩序并未完全稳定，全国各地的叛乱时有发生，有些地方甚至十分激烈，广东增城附近就有苏友兴作乱。南雄侯赵庸奉命征讨苏友兴作乱。苏友兴作乱发生在岭南的近海地区，他们凭借海上的地理优势，常常使前来征讨的赵庸陷于被动的地位。赵庸所率领的官兵，因为不熟悉水路，加之又不善于水上作战，所有官兵几乎陷入绝境。湛怀德从维护社会稳定、保护人民生命财产安全的立场出发，仗义起兵，率领村民赴海援助赵庸，使赵庸转危为安，取得征讨苏友兴的胜利。“洪武十四年（1381年），邻境苏友兴作乱，朝命南雄侯征之，舟师失利，几危。公率义勇敢死五百人赴海救援之，总兵战舟乃解。”赵庸为了感谢湛怀德协助平定苏友兴叛乱，他一方面上报朝廷，请朝廷免除甘泉乡参与苏友兴叛乱的民军充军戍边；一方面邀请湛怀德出来做官，以帮助维护地方秩序。湛怀德婉言谢绝了赵庸做官的邀请。因此，赵庸赠予湛怀德“义士”的光荣称号。甘泉乡也被命名为“正义之乡”。湛甘泉无限崇敬高祖湛怀德“正义之士”“正直之士”的高尚人格，并以高祖的高尚人格为榜样，努力学习和践行高祖的高尚人格。

湛甘泉在《述先德诗四十韵》中，热情赞扬了高祖湛怀德的优秀事迹和崇高品格。“元帅出乱季，保障六乡靖。池鱼贷断死，先期自归命。他乡给乞囚，完保十腰颈。舟师厄苏寇，率义援乃兢。甘泉名义乡，获免降军令。”为了纪念湛怀德保卫家乡安危、保卫百姓生命安全的正义之举，后来人们在增城新塘镇建造了纪念湛怀德的“义士祠”。“义士祠”既是湛怀德正义行为、正直品德的象征，也是中华民族爱乡、爱家优秀文化传统的标志。“义士祠”现今保存完好，祠中陈列着湛怀德率领村民保卫家乡和进行村民自治的事迹，他深受当地百姓的崇敬和爱戴。如今的“义士祠”已成了当地青少年爱国爱乡教育的爱国主义教育基地，是人们重温和践行中华优秀传统文化的重要平台和标志。

在湛氏先辈中，湛甘泉最崇敬的，除了他的高祖湛怀德，就是他的祖父湛江了。湛甘泉曾与祖父湛江共同生活了九年，9岁时，祖父湛江去世。湛甘泉对祖父的印象，比起对高祖湛怀德的印象要深刻得多。湛甘泉对高祖湛怀德的崇敬和颂扬，只是根据湛氏家族的相关资料及当地有关史料记载而写成的。而湛甘泉对祖父湛江的崇敬和颂扬，虽然有些是根据家人或别人的介绍，但更多的是根据自己的亲身经历形成的。因此，对祖父的介绍很实在，很具体。湛甘泉的祖父湛江，字宗远，号樵林。湛江的父亲湛汪，是湛怀德的独子，也是当地的一名处士。湛汪虽然在当地没有突出的影响，但他却传承了父亲湛怀德良好的家风，继承了父亲留下的家业。湛汪有五个儿子。“孤婴暂微弱，继世复蕃盛。我祖樵林公，鹡鸰（兄弟）五呼应。”湛江是湛汪五个儿子中最有成就、最有影响的，他与明代岭南著名的政治家、思想家，内阁大学士丘濬有交往，丘濬曾为湛江作《樵林记》，称湛江为增城湛氏家族中的优秀人才，新塘优秀的“乡贤”。丘濬是广东省琼山县（今属海南省）人，生于明永乐十八年（1420年）。丘濬出身贫寒，青年时家中贫穷，无钱买书，他常到集市的书摊上看书，靠勤学苦读跻身于明代士林之列，登上了明代高官之位，身居内阁大学士。他为官四十多年，却始终保持艰苦朴素的本色，晚年仍然居住在狭窄简陋的房子中。丘濬去世时，家中除了几万册图书之外，别无遗物。“濬廉介，所居邸第极湫隘，四十年不易。”

湛江十分尊敬、崇拜家乡的杰出人才，他经常与居于京城的丘濬保持联系，并写信请丘濬为自己作传记。丘濬对湛江洒脱的乡贤人格十分推崇，为湛江作《樵林记》。在《樵林记》一文中，他对湛江的高尚人品和洒脱人生进行了高度的赞扬和评价。丘濬在文中说，湛江是增城新塘湛氏家族中的俊彦之士，他在上游庄建造了茅草房屋，依山居住，以采樵（即打柴）为业，因此取名“樵林”。丘濬指出，湛江虽然采樵于山林，但他不是为了采樵而采樵，而是以采樵来寄托自己自由的心灵，使自己心灵舒适、快乐。丘濬以中国古代的贤德之士为典型来描写湛江。丘濬认为，凡是世上的贤德之士，他们往往寄托于打鱼采樵的活动中，其真正的目的并不在此。唐代人所作的《渔父歌》中的打鱼人，他们不是为了打魚而打魚，而是在打魚中寄托自己的自由心灵，实现超脱的人生境界。湛江与《渔父歌》所描述的打鱼人一样。

丘濬还指出，商朝的大臣伊尹非常贤德，却曾耕种于田野之中；周朝大臣姜太公非常忠勇，却曾在渭水河边钓鱼；春秋时秦国的大夫百里奚非常聪明，却曾为人放牧牛羊。他们三人分别以耕田、钓鱼、放牧牛羊为快乐而终身不厌倦。他们并不是以耕田、钓魚、放牧牛羊为目的，而是为了实现各自心灵的快乐，提升自己的人生境界。湛江在山林中打柴，在湖泊里打鱼，其实与伊尹、姜太公、百里奚一样，不是为了打柴而打柴，打鱼而打鱼，也是为了实现自己的心灵自由、提升自己的人生境界。丘濬为湛江作《樵林记》，并把湛江打柴与伊尹耕田、姜太公垂钓、百里奚放牧相提并论，体现了丘濬对湛江恬淡人生、乡贤人格的赞美。同时，身为当朝大臣、内阁大学士的丘濬能为一个乡间普通百姓湛江作传记，这从一个侧面体现了湛江乡贤人格的崇高和洒落自由人生境界的完满。

湛江天生聪明诚实，不迷信鬼神怪异之物。他为人和谐谦虚，与世无争，不与他人发生矛盾冲突。他性情安逸，恬淡平静，在新塘的上游庄修建草屋，常常居于上游庄的草屋之中，自由自在地生活，享受田园之乐。同时，湛江顺应明中叶以来岭南商品经济快速发展的潮流，积极投身其中，进行简单的商品生产和商品交换。明中叶以来，广东逐步改变了以往落后于中原地区的状态，特别是嘉靖时期东南沿海对外贸易的发展，海上丝绸之路的繁荣，使广东的商品经济取得了快速的发展，出现了很多商品经济活跃的小市镇，增城的新塘镇就是商品经济较为活跃的小市镇之一。湛江充分利用了新塘商品经济快速发展的机遇，在上游庄开垦土地，种植水稻等农作物，又在稻田旁建造魚塘，养殖魚虾等水产品，还在周围的山上栽种桑树，采集桑叶养蚕织布。在农耕、养殖之空闲时间，湛江有时到山上打猎，自由自在，自食其力，终身快乐，不求富贵显达，一副乡间贤者气派。每当饥荒之年，湛江则开仓放粮，为受灾百姓解除困难。每当丰收之年，湛江则开仓储粮，以备饥荒之年急用，并从中取得小利。同时，湛江充分利用新塘得天独厚的优越自然条件，种植桑树，养蚕抽丝。由于湛江勤劳聪慧，他家生产的蚕茧不仅比别人家数量多，而且质量好。湛江的夫人梁氏心灵手巧，善于从蚕茧中抽出蚕丝，织成丝绸，色彩鲜艳，质地坚固。拿到市场出售，常常能卖个好价钱，取得较多的利润。在湛江夫妇的辛勤劳作下，湛家的产业日益兴旺，田多地广，逐渐成为当地的小康之家，家中已有富足的农副产品。湛江把多余的农副产品拿到市场上去交易，他坚持多卖少取，屈己益人的交换原则，既维护了自己的利益，也兼顾了别人的利益。湛江认为，家产是传给子孙后代的，应该使子孙后代继承自己的产业，从中获得利益。同时，也应该兼顾贫困之人的利益，使他们也能从中获得利益，得到好处。

湛江认为不能乘人之危，为了自己一家的利益而坑害贫苦人家的利益。湛江屈己益人的商品交换原则体现了他崇高的乡贤人格，并在当时产生了积极的影响。湛甘泉曾请陈白沙为祖父湛江隐居的上游庄草屋和新塘镇的湛氏家庙题词。陈白沙在《题湛民泽家庙》中说：“主翁合是比间长，此地还成礼义乡。”意思是说，新塘湛氏家庙的主人曾是此地德高望重的长者，因为他们的缘故，新塘成了远近闻名的礼义之乡。在《民泽祖樵林居士构堂于上游庄，民泽乞题》中，陈白沙作诗一首，称赞湛江的高尚人格和崇高境界。其诗云：“入云堂构昔人开，兰桂香风次第来。黄云山高几千丈，后山前日寄回声。”这是说，湛江在上游庄建造隐居的草屋，草屋沐浴着兰桂之花的香味，真有世外桃源之感，它确实是隐居的好地方，也是主人洒脱人生的真实写照。

湛甘泉对祖父湛江的洒脱人生和自由境界十分推崇，他在《述先德诗四十韵》中写道：“我祖樵林公，鹡鸰五呼应，人皆好夸靡，我独乐居静。冥栖上游庄，林塘互交映。我师（石翁）尝卧游，题诗寄高兴。上苏上游樵，下钓铁江泳。（翁序云：民泽祖樵林上游庄，有高栖遐遁之风，山樵水魚之乐。）春至理农桑，蚕熟谷亦颖。夫人（即今赠夫人祖妣梁氏也）自蚕缫，谷易丝绢并。以兹方土业，土直宁优剩。孝友动里闾，行义太丘等。自兹重乡评，世上保终竟。”湛甘泉把祖父那种以耕读为本，洒脱自由的人生境界描写得淋漓尽致。湛江不追求奢华，而喜欢清静恬淡，居住在有山有水偏远的上游庄，乐山乐水，既在上游庄的山上打柴，又在上游庄的水中钓鱼，过着神仙一样自由自在的生活。湛甘泉的老师陈白沙也向往湛江自由自在的生活，曾神游上游庄，并题诗上游庄以寄托自己的高兴之情。湛甘泉特别对祖父投身商品经济大潮的行为十分赞赏和羡慕。春天到了，湛江耕田养蚕。秋天到了，湛江收割稻谷和蚕茧。剩余的稻谷和蚕茧就拿到市场进行交易，自此湛江的家业不断扩大，积蓄逐渐丰厚。同时，湛江品德高尚，受到村民的好评。湛江孝敬父母、友爱乡邻的行为使百姓感动，百姓比喻他的正义行为像高山那样崇高。湛甘泉对祖父、祖母德行的推崇，充分体现了其祖父母崇高的乡贤人格。湛江“孝友动里闾”的道德人格感动了当地百姓，在当地产生了广泛而积极的影响，它从一个侧面体现了中国传统的乡间贤达的积极作用和价值。湛江的乡贤人格同时也是湛甘泉成长的宝贵财富和精神资源。湛甘泉在祖父湛江乡贤人格的熏陶和影响下，逐渐长大成人，并继承和发扬了湛氏家庭耕读传家的传统，刻苦攻读，于明孝宗弘治五年（1492年）考中广州举人。

二、白沙门人

湛甘泉虽然出身于乡贤之家，从小深受良好家风、家教的教育和影响，但他在明宪宗成化十五年（1479年）才开始上小学，此时湛甘泉已经14岁。究其原因，是因为湛甘泉家中发生了重大的变故，即“遭家多故”。所谓“遭家多故”，是指湛甘泉的父亲受到别人的陷害而含冤离世。湛甘泉的父亲湛瑛，性格刚强，为人正直。在与人交谈中，不论是声音还是形态，湛瑛都非常真诚，从不虚假。对于别人的过错，湛瑛毫不讳言，常常当面批评、指责，绝不留情。湛瑛曾为乡官里长，他目睹县主簿违法乱纪、侵害百姓的行为，大胆指责，毫无畏惧，因而得罪了县主簿。县主簿也十分怀恨他。本地有狡诈之官余忠，他的儿子犯盗窃罪，湛瑛向官府揭发他儿子的罪行，使余忠的儿子被捕杀，余忠从此怀恨在心。于是余忠与县主簿勾结，污蔑陷害湛瑛，至使湛瑛含冤入狱而死。湛瑛一生不畏强权，人们遇到困难时，他则出力相救。人们之间有纠纷，他则为之排忧解难。因此，乡村百姓十分信赖他。湛瑛含冤而死，乡村百姓十分悲痛，好像失去了父母一样。湛甘泉对父亲十分尊敬，对父亲的正直人格十分崇敬。他在《述先德诗四十韵》中赞颂他父亲说：“显考曰怡庵，高才乃雄逞。直志靡款曲，正色奸回屏。强弱以弱强，乐友侠游骋。长洗荤血肠，日啜十瓶茗。”

湛甘泉7岁时，他父亲遭到别人的陷害。湛甘泉的母亲为了避免仇家对湛甘泉的陷害，带着他逃难到了他乡，使他失去了正常儿童7岁入学的大好时机。湛甘泉逃难到了何处，史学界持有不同的意见。一种意见认为，湛甘泉7岁时，因父亲与乡人发生矛盾和冲突，他母亲陈氏夫人带他逃到了惠州府惠阳县名叫冈下的地方，躲到曾担任过副知县的李应家中。李应收留了湛甘泉母子，并让湛甘泉与自己的儿子一起学习。后来，湛甘泉家的仇人跟踪到了惠阳李应家寻机报复，李应又带领湛甘泉母子躲避到了西江赤树塘。直到湛甘泉父亲蒙冤之事平息后，湛甘泉才避免了仇家的追杀，此时湛甘泉已经15岁了。他在惠阳住了九年。另一种意见认为，湛甘泉的父亲去世后（湛甘泉父亲在甘泉11岁时去世），湛甘泉的母亲带着湛甘泉和他的姐姐、妹妹到外婆家居住。不管哪一种意见，都说明了一点，湛甘泉因父亲蒙冤而离家避难，从而耽误了上小学的宝贵年华，以至14岁才上小学。“遭家多故，十四始入小学。”所谓“小学”，即私塾之类的学校。湛甘泉16岁时进入家乡新塘的乡村学校学习。湛甘泉在后来的《引年疏》中回忆说：“臣自少孤身，父母爱惜，就学最迟，年十六而后入乡校。”湛甘泉的乡校学习生涯应该是在家乡新塘度过的。湛甘泉乡校学习生涯结束后，他全家可能迁到了广州。他22岁入广州府学学习，“二十二而后入府庠”。在广州府学的为学生涯中，湛甘泉身上发生了这样一件事。有一次，广州府台到学校视察，学校教官率领全体师生，在学校门口行跪拜礼迎接府台。湛甘泉反对这种行为，拒绝以下跪的方式迎接府台。湛甘泉认为，在学校门口行跪拜仪式迎接府台，不符合有关礼节的规定。湛甘泉的这一举动表现了一定的叛逆精神，在他的骨子里充满着与他父亲一样的正直品德。27岁时，湛甘泉参加举人考试。考试前，监考官要求所有的考生脱下鞋子、光着脚接受考官的检查，以防止考生舞弊。湛甘泉是第一个接受检查的考生，他据理力争，拒绝脱鞋接受检查。他认为这是对考生人格的侮辱，是对考生的不尊重，“此非所以礼士也”。这位考官比较开明，他也没有因为湛甘泉的叛逆举动而非难他。湛甘泉因为考试成绩优秀，这一次顺利地考中了举人。

明弘治六年（1493年），是湛甘泉人生经历中一个值得记住的年份。这一年湛甘泉28岁，他第一次进京城参加进士考试，这次科举考试，他落第了。这次科举考试失败，成了湛甘泉拜师陈白沙的契机。十二年之后（1505年），40岁的湛甘泉才再次进京考试，并取得了成功，圆了自己的进士梦。这次科考落第后，湛甘泉在返回广州的途中经过南京，拜访了陈白沙的好朋友，也是当时著名的学者庄定山。湛甘泉对庄定山十分尊敬，对这次拜访庄定山十分重视，印象非常深刻。庄定山去世后，湛甘泉曾专门撰写祭文《过江浦祭庄定山先生文》怀念庄定山，文中说："水（湛若水，湛甘泉40岁时改名若水）也癸丑（1493年）下第，掉臂南行，与夫六七子者，造诣先生于定山之庭。"湛甘泉在文中虽然没有提到陈白沙，但从陈白沙当时的学术地位和社会影响，陈白沙与庄定山的好友关系，再加上陈白沙又是广东人，因此可以断定庄定山可能向湛甘泉提起过陈白沙，并为第二年（1494年）湛甘泉拜师陈白沙产生了重要影响。陈白沙39岁（1466年）时重游太学，国子监祭酒邢让以杨时所作的《此日不再得》诗为题面试陈白沙。杨时（1053—1135年），字中立，号龟山，福建将乐人，宋代著名的哲学家。杨时是北宋著名哲学家二程（程颢、程颐）的学生。杨时早年拜程颢为师，程颢十分欣赏杨时，当杨时离开程颢回家乡时，程颢目送杨时说："吾道南矣。"杨时40岁之后又到洛阳向程颐问学。有一天，他来到程颐家问学，程颐正在家中静坐养神。杨时没有打扰他而站立在门外，几个小时之后程颐才醒来。此时门外的积雪已经有一尺多厚了，可是杨时仍然站在雪中等候，直到程颐唤他，他才进入家中。这就是后人称颂的"程门立雪"。湛甘泉后来作《杨子折衷》一书，研究探讨杨时的哲学思想。杨时曾作《此日不再得》一文，告诫学生要珍惜时光，发奋学习，因为时光一去不复返了。陈白沙以《和杨龟山〈此日不再得〉韵》一文回答国子监祭酒邢让，从而名震京师，陈白沙成了当时士人尊敬的大儒、真儒，其名声超过了宋代著名的哲学家杨时。"祭酒邢让试先生（白沙）和杨龟山《此日不再得》诗，大惊曰'龟山不如也'。明日扬言于朝，以为真儒复出。"当时在京的著名学者，如罗伦、章懋、庄昶等都仰慕陈白沙的道德文章而成为他的好朋友，并成了陈白沙一生的莫逆之交。"一时名士，如罗伦、章懋、庄昶、贺钦辈，皆乐从之游。"

庄定山（1436—1499年），江苏江浦（今南京）人，明成化二年（1466年）进士。庄定山是陈白沙的好朋友，二人友谊深厚。陈白沙与庄定山一生相见三次。第一次是陈白沙名震京师的1466年。这一年庄定山中进士，陈白沙因《和杨龟山〈此日不再得〉韵》一文名震京师，二人初识于京师。第二次是明成化五年（1469年），二人相聚于京师。这一年，陈白沙第三次进京会试，并再次落第。当时士人为陈白沙惋惜，庄定山前往陈白沙寓居的神乐观安慰他，陈白沙却大笑不止。庄定山作诗说：“他人戚戚太低，先生大笑太高。”他赞美陈白沙超脱功名的恬淡人格。第三次在明成化十九年（1483年），二人相聚于南京。明成化十八年（1482年），陈白沙受两广总督朱英举荐，应召入京。次年春天，陈白沙经过南京，专程看望老朋友庄定山，二人相见十分欢快。陈白沙在南京停留了一个月才离开。陈白沙离开南京时，庄定山亲自送他到南京龙江关。庄定山晚年闲居家中，犯有疾病，他知道陈白沙的学生范规懂医术、会治病，于是写信给陈白沙，请范规前往南京为他治病。范规，广东南海人，他得知庄定山病了，很想去南京为庄定山治病。奈何家中贫穷，没有去南京的路费。陈白沙得知后，一方面积极为他筹备路费等各种费用，一方面督促他前去南京为庄定山治病。“友人庄昶病，遗书求先生门人知医范规者往。规贫不能赴，先生即备行缠服食津遣。”陈白沙与庄定山的友情是金石之交的友情。从陈白沙与庄定山的亲密关系来看，湛甘泉拜陈白沙为老师，可能受到庄定山的引荐或影响。

明弘治七年（1494年）二月，湛甘泉在陈白沙的学生梁景行的陪同下，前往江门拜陈白沙为老师，从而正式成为陈白沙的门人。“二月，门人增城湛若水（即湛甘泉）来从学。”梁景行，字宗烈，广东顺德人，其父梁文冠及其弟梁景孚都是陈白沙的学生。明弘治二年（1489年），梁景行中举人，曾任上海崇明县知县、福建晋江县县令、江苏镇江府同知。梁景行为人正直，为官公正。不畏权势，不欺百姓。他为镇江府同知时，朝廷大臣杨廷和的义子、大学士杨一清同族的侄儿冒犯官府，伤害乡村百姓，梁景行依法治之。杨廷和的义子因杀人被梁景行定为死罪，此时杨一清居于镇江，他为杨廷和的义子求情，要求减轻其罪，梁景行不听杨一清的请求，惩办了杨廷和的义子。明正德十六年（1521年），陈白沙的儿子陈景云准备把陈白沙的墓，从圭峰山迁到杜阮的皂帽峰，并同梁景行、湛甘泉等人商量。在梁景行、湛甘泉等人大力支持下，陈白沙的墓得以顺利改迁。从以上可知梁景行的为人以及他与陈白沙的关系。由于梁景行的陪同和介绍，陈白沙高兴地收下了湛甘泉这名学生，并对湛甘泉说：“此学非全放下，终难凑泊。”这意思是说，圣人之学如果不放下各种个人的功名利禄，就不能实现心与理的吻合，就不能达到圣人的境界。湛甘泉听从了陈白沙的教导，决心放弃包括科举考试在内的一切外在名利，并焚毁了朝廷发给他参加下一次会试的证书。“遂焚原给会试部檄，独居一室。”湛甘泉决心以圣人之学为目标，拜陈白沙为老师，好好地跟随陈白沙学习，正式成为白沙门人。

第二章
传承衣钵　弘扬心学

明弘治七年（1494年）二月，湛甘泉在梁景行的陪同下来到江门，正式拜陈白沙为老师。陈白沙非常高兴地接受了湛甘泉，从此湛甘泉正式成为陈白沙的学生，并开始了跟随陈白沙学习的生涯。明弘治十三年（1500年）二月，陈白沙去世。湛甘泉才结束了跟随陈白沙六年的学习生涯。陈白沙是明代心学的开创者，他创立江门学派，建构白沙心学思想体系，实现了明代理学向心学的创造性转化，是广东入祀孔庙的第一人。陈白沙名满天下，他是明代著名的教育家。陈白沙创办书院，招收学生，全国各地优秀的人才来江门求学，先后拜陈白沙为老师的有100多人。经过陈白沙的培养和教育，他们成了优秀的学生，如辽宁的贺钦，湖北的李承箕，广东的林光、张诩、梁储等，他们都学有所成，有些学生还成了当时的著名学者。可是，陈白沙并没有将白沙心学的衣钵传给他们。湛甘泉是从学陈白沙较晚的学生，陈白沙却把大量心血倾注在湛甘泉身上。他精心地培养湛甘泉，希望湛甘泉成为白沙心学的衣钵传人。湛甘泉不负陈白沙的厚望，潜心学习白沙心学思想，并在白沙心学思想的基础上提出了“随处体认天理”的心学思想，创新性地发展了陈白沙提出的“自得之学”的心学思想体系，深得白沙心学思想的真传。陈白沙在去世之前的明弘治十二年（1499年），正式选定湛甘泉为自己的衣钵传人，将代表白沙心学标志的江门钓台作衣钵传授给湛甘泉。湛甘泉接受江门钓台，正式成为白沙心学的衣钵传人，弘扬和发展了白沙心学。

一、钓台衣钵

湛甘泉来到江门后，他没有立即向陈白沙请教问学，而是在请教问学前进行了充分的准备，他先斋戒三日，清除心中的各种杂念，然后才向陈白沙请教问学。陈白沙在给湛甘泉讲授的第一堂课上，他向湛甘泉讲授的第一句话是："此学非全放下，终难凑泊。"这里的"此学"是指圣人之学。陈白沙所创立的白沙心学就是"圣人之学"。正如明代岭南著名学者黄淳所说："先生（指陈白沙）之学，心学也。"陈白沙所建构的白沙心学就是圣人之学，即"内圣外王"之学。白沙心学首先注重内圣之学，即先注重个人内在的心性修养，提升个人的道德品格和精神境界；其次注重的是外王之学，整齐家庭，治理国家，实现天下太平。陈白沙对湛甘泉说："你跟我学习的是圣人之学。"既而强调指出："你跟我学习的是圣人之学，那就得放下非圣人之学的东西。"在这里，陈白沙要求湛甘泉放下非圣人之学的东西是指什么？按照当时的实际情况来看，湛甘泉是在参加科举考试失败后来江门求学的。同时，湛甘泉在听到陈白沙说的"此学非全放下，终难凑泊"这句话之后，他立即焚烧了"会试部檄"（朝廷颁发给他的第二年参加科举考试的准考证书）。因此可以推断，陈白沙要求湛甘泉放下的应该是科举考试。陈白沙并不反对科举考试，他一生参加过三次科举考试。陈白沙也不反对湛甘泉将来参加科举考试，但是，对于前来求学的湛甘泉来说，陈白沙认为，湛甘泉此时不能以科举考试为求学的唯一目的，应该把圣人之学放在首位。湛甘泉当时第一位的事情是要学会做人，把培养个人品德、提升个人的精神境界的"内圣"之学放在首位，科举考试是以后的事情。湛甘泉听从了老师的教导，当场就把"会试部檄"焚烧了，体现了湛甘泉跟随陈白沙学习"圣人之学"的决心。

陈白沙对湛甘泉说"此学非全放下，终难凑泊"这句话中的"放下"是指暂时放下科举考试，一心一意地学习圣人之学。如果不暂时放下科举考试，就"终难凑泊"。这句话中的"凑泊"是什么意思？它指的是什么与什么的凑泊？按照陈白沙的为学经历和白沙心学的核心思想，这里的"凑泊"

是吻合、合一的意思。它指的是心与理的凑泊，心与理的合一。正如陈白沙在叙述自己的求学心路历程时所说："所谓未得，谓吾此心与此理未有凑泊吻合处也。"这是陈白沙从自己多年的求学经历和参加科举考试失败的经验教训中得出的结论。陈白沙认为，人们求学的目的，不是为了参加科举考试，而是为了"自得"，即自己心有所得。所谓心有所得，就是心得于理，实现心与理的凑泊、心与理的合一。同时，陈白沙认为，心与理的合一包含两方面的内容：一方面是注重人的内在心性修养，培养人内在的人格，实现人的圣人的境界，即实现"内圣"；另一方面是在实现人的"内圣"的同时，努力探求外在事物的发展规律，确立稳定的社会秩序和社会规范，建立外在的功业，实现"外王"。陈白沙所说的心与理的凑泊，就是"内圣"与"外王"的合一，个人与社会的合一，这就是陈白沙的"自得之学"的核心思想。陈白沙把自己的心得体会与亲身经历告诉湛甘泉，指出圣人之学只有放下以科举考试为目的的功利之学，才能使心与理有所凑泊，才能实现心与理的合一。如果以科举考试为唯一目的，就不能使心与理有所凑泊，就不能实现心与理的合一。湛甘泉牢记陈白沙的教导，深刻领悟白沙心学的核心思想，走上了寻求心与理合一的求学之路。

在第一堂课上，陈白沙给湛甘泉讲授的内容是什么？据湛甘泉后来的回忆，陈白沙在第一堂课上，向湛甘泉讲授的是程颢、程颐的著作，讲解的是程颢、程颐的理学思想。湛甘泉说："是年（1495年），白沙先生授予（湛甘泉）以程子书。"陈白沙是心学思想家，当时心学思想的代表人物是南宋的陆九渊。陈白沙为什么不给湛甘泉讲授陆九渊的著作？讲解陆九渊的心学思想？反而给湛甘泉讲授程颢、程颐的著作？讲解程颢、程颐的理学思想呢？陈白沙又为什么不给湛甘泉讲授朱熹的著作？讲解朱熹的理学思想呢？陈白沙早年曾认真地学习过朱熹的著作，并把朱熹理学思想作为自己的思想来源之一。陈白沙39岁在叙述自己的思想渊源时，明确地指出自己当时学习朱熹著作的情况，并吸取了朱熹的理本论思想和主敬的为学方法。陈白沙说："吾道有宗主，千秋朱紫阳。说敬不离口，示我入德方。"白沙心学中的道（理）本论思想和"主敬"的方法都来自朱熹，陈白沙当时把朱熹奉为自己的学术宗主。后来，陈白沙发现朱熹的理本论思想和"主敬"

的为学方法，与白沙心学“自得之学”思想不相符合时，他创造性地改造了朱熹的理本论思想和“主敬”的为学方法，建立了“学贵自得”的白沙心学思想体系。因此，当陈白沙给湛甘泉上课时，不讲解朱熹的著作和思想也就在情理之中了。同时，陈白沙对陆九渊心学也不十分赞同，他认为陆九渊心学有“偏于内”的弊端。陈白沙给湛甘泉讲解程颢、程颐的著作，关键在于要求湛甘泉理解程颢、程颐的著作中“理”的意义。陈白沙一生关注的问题是心与理的关系问题，心如何自得于理，心与理如何合一，这是白沙心学“自得之学”的核心思想。程颢、程颐是理学的奠基人，“天理”二字是程颢、程颐首先提出来的。“吾学虽有授受，天理二字却是自家体贴出来。”程颢、程颐提出“天理”二字，奠定了理学的基础。后来的理学家以“天理”作为自己学说的重要范畴，建立了各自的思想体系。湛甘泉在从学陈白沙之前，他对于“天理”二字也非常重视，只是未曾理解其中的深刻含义。“今日天理二字，实是元初予自悟得，可念二三十年未得了乎。”自从听了陈白沙的讲解后，湛甘泉对于“天理”有了深刻的理解。“初从白沙先生，归甘泉半年，有悟处，致书请问先生曰：‘近日见得天理二字最紧关。’”湛甘泉认为，“天理”二字最重要，“天理”概括了从尧舜以来到孔孟思想的核心内容。“愚谓天理二字，千圣千贤大头脑处，尧舜以来，至于孔孟，说中、说极，说仁、义、礼、智，千言万语，都已该括在内。”湛甘泉在深刻理解程颢、程颐“天理”含义的基础上，提出了“随处体认天理”的心学思想命题。他认为“天理”是孔孟儒学思想的核心价值，其实质含义就是仁、义、礼、智等道德理性、伦理规范、社会秩序。“天理”无处不在，它既在心内，也在心外。既在事物之中，也在事物之外。人们应该随处体认“天理”。“窃惟天理，切须随处体认，若真见得，日用间参前倚衡，无非这个充塞流行矣。”湛甘泉把自己学习程颢、程颐著作的心得体会，并悟出了“随处体认天理”的思想告诉了陈白沙。陈白沙得知湛甘泉提出了“随处体认天理”的思想，非常高兴，并充分肯定和认同了湛甘泉提出的“随处体认天理”的思想。陈白沙马上回信给湛甘泉说：“民泽足下，去冬十月一日发来书甚好。日用间随处体认天理，着此一鞭，何患不到古人佳处也。”湛甘泉“随处体认天理”的思想，是他在从学陈白沙之后，听了陈白沙讲解程颢、程颐著作，深刻理解程颢、程颐的“天理”思想基础上提出来的。“随处体认天理”的心学思想，是对白沙心学思想的继承和发展，它体现了湛甘泉心学的核心价值。

陈白沙在第一堂课上，给湛甘泉讲授程颢、程颐的著作。陈白沙讲授的是程颢的著作，还是程颐的著作呢？由于程颢与程颐的著作合编在一起，著作中也没有严格标明哪些言论是程颢的，哪些言论是程颐的。陈白沙在给湛甘泉讲授程颢与程颐的著作时，也没有向湛甘泉说明哪些是程颢的著作，哪些是程颐的著作，因此很难辨明湛甘泉接受的是程颢的思想，还是程颐的思想。但从陈白沙的为学经历和白沙心学的思想内容来说，陈白沙向湛甘泉讲授的应该是程颢的思想。陈白沙早年学习朱熹思想，并把朱熹作为自己学说的宗主。可是后来他改造了朱熹思想，创建了自己的心学思想体系。陈白沙为什么对朱熹思想进行改造呢？主要原因在于朱熹未能解决心与理的吻合问题，即未能实现心与理的合一。陈白沙改造朱熹的思想，目的是为了实现心与理合一。朱熹思想是直接来自程颐思想的。朱熹虽然继承二程的“天理”论思想，建立了“理本气具”的理本论思想体系，但是在为学方法上走的却是程颐的“格物穷理”道路。朱熹主张通过与外界事物接触，穷尽外在事物的理，以彰明心中的已有之理，实现心与理的合一。“格，犹穷也，物，犹理也。犹曰穷其理而已也。”所以，一般学者都认为程颐是理学的源头。这样看，陈白沙向湛甘泉讲授的当然不是程颐的思想，而是程颢的思想。从程颢的思想来看，程颢虽然与程颐共同体认出了“天理”，成了理学的奠基者，但程颢的求学方法与程颐是不同的，他不是走“格物穷理”的向外求理的道路，而是走的向内求理的道路，从而实现人与万物浑然一体的心理合一。“学者须先识仁，仁者浑然与物同体，义、礼、智、信皆仁也，识得此理，以诚敬存之而已，不须防检，不须穷索。”所以，一般学者都认为程颢是心学的源头。陈白沙走的是程颢“向内求仁”的道路，他在叙述自己“心学法门”宗旨时说：“为学当求诸心必得。所谓虚明静一者为之主。”因此可以说，陈白沙向湛甘泉讲授的是程颢的思想。另外，从湛甘泉“随处体认天理”的心学思想内容以及湛甘泉对程颢的尊敬态度来说，可推测湛甘泉从陈白沙那里学习的是程颢的思想。湛甘泉“随处体认天理”的思想是心学思想。“吾所谓天理者，体认于心，即心学也。”湛甘泉“随处体认天理”的心学思想体系中，吸取了程颐、朱熹“格物穷理”的思想。湛甘泉说：“格者，至也，即格于文祖，有苗之格；物者，天理也。即言有物，舜明于庶物之物，即道也。格物者即造道也。”湛甘泉的“格物”说虽然包含了向外求理的思想，但湛甘泉“随处体认天理”的基本立场是心学的立场，湛甘泉强调在“体认于心”的前提下，实现“心体万物而不遗”的内与外合一。湛甘泉“心体万物而不遗”的思想与程颢“仁者浑然与物同体”的思想是一脉相承的。再从后来湛甘泉对程颢的态度来看，湛甘泉在自己的著作中多次提到程颢，表现了对程颢人品及学说的崇敬之情。湛甘泉在《叙遵道录》中说：“夫《遵道》，何为者也，遵明道（即程颢）也。明道兄弟之学，孔孟之正脉也，合内外，彻上下，而一之者也。”以上都说明陈白沙在第一堂课上，给湛甘泉讲授的是程颢的心学思想，湛甘泉接受的也是程颢的心学思想。

同时，陈白沙还向湛甘泉讲授自己的“诗学”思想，“且劝以学诗应世”。陈白沙不仅是明代著名哲学家，也是明代著名的诗人。陈白沙的哲学思想、政治思想，常常体现在自己的诗文中，形成了独特的“诗教”思想。陈白沙教湛甘泉作诗，他希望湛甘泉通过作诗来了解自己的心学思想。陈白沙认为：湛甘泉学会作诗，一方面可以理解和把握自己诗文中所包含的思想，更好地传承自己的心学思想；另一方面，湛甘泉通过作诗，可以加强与学者之间的联系和交往，扩大自己的学术影响。湛甘泉听从陈白沙的教导，认真学习作诗，尤其是在对古体诗上有所成就，成为明代著名的诗人。湛甘泉后来作《白沙子古诗教解》一书，对陈白沙的古体诗进行解读。湛甘泉通过对陈白沙100首古体诗进行解读，深入阐发了陈白沙的心学思想，对弘扬和发展白沙心学产生了积极的作用。湛甘泉在学习作诗的同时，也认真地向陈白沙学习佛教著作，深入研究佛教思想。佛教思想是陈白沙学习和研究的重要内容。佛教思想，特别是禅宗思想对白沙心学思想产生了重要的影响，它成了白沙心学的思想来源之一。陈白沙早年学习佛教著作，认为佛教思想有可取的地方。他最终认为佛教文化与儒家文化是完全不同的，并走上了批判佛教思想的道路。“禅家语，初看亦甚喜，然实是儱侗，与吾儒似同而异，毫厘间便分霄壤，此古人所以贵择之精也。”陈白沙认为佛教文化与儒家文化有相同的地方，人们应该好好地进行批判性的吸取，吸收其中积极的思想成分。但对于佛教思想的核心价值，对于佛教否定客观事物及事物之理的存在，陈白沙是反对的。“佛者空诸有，吾儒亦有空。”佛教认为客观物质世界是空无的，儒家认为客观物质世界是实在的，“人（心）不能外事，事不能外理。二障佛所名，吾儒宁有此？”佛教把客观事物及客观事物之理看成是心的障碍，主张彻底否定它。儒家认为心与事合一、理与事合一，不能否定理与事的存在。陈白沙的学佛经历及其对佛教的看法，对湛甘泉产生了重要影响。一方面，湛甘泉象陈白沙一样，“读释氏书”，了解佛教思想，并且在了解佛教思想的基础上，分析佛教思想的危害之处，从而批判佛教思想。“盖三十岁时，曾从事于此（佛），亦见快意，久乃觉其无实，亦无实德实事，如谈空画饼耳，且心事既判，又云理障，其害道不为小矣。”湛甘泉对佛教思想的认同及其批判，与陈白沙如出一辙。

湛甘泉跟随陈白沙学习，听从陈白沙对自己说的第一句话：“此学非全放下，终难凑泊。”他立即焚烧“会试部檄”，决定暂时放弃科举考试。湛甘泉深刻理解陈白沙第一堂课给自己讲授的“程子书”，提出了“随处体认天理”的心学思想。陈白沙十分喜爱湛甘泉这个学生，认为他深得白沙心学的宗旨，其思想与自己的思想是一脉相承的，特别是在湛甘泉提出“随处体认天理”的心学思想命题后，陈白沙非常高兴，他认为湛甘泉可以培养、造就，能够达到圣人的境界。“日用间随处体认天理，着此一鞭，何患不到古人佳处也。”因此，陈白沙决定用心培养湛甘泉，有意选定湛甘泉为自己的学术传人。陈白沙让湛甘泉住进了培养学术接班人的住所“楚云台”，“于是，定居楚云台”。“楚云台”原来是陈白沙的得意学生李承箕学习、居住的地方。陈白沙曾对李承箕有很高的期望，也曾有意培养李承箕为自己的学术传人。李承箕是湖北人，他先后四次从湖北来到江门，向陈白沙学习心学思想，并对白沙心学心有所得，陈白沙与李承箕的师生关系也非常良好，并让李承箕住在“楚云台”。自从湛甘泉拜师陈白沙之后，陈白沙认为湛甘泉在李承箕之上，就选定湛甘泉为自己的学术传人。李承箕离开“楚云台”回到湖北后，常常给陈白沙来信，询问谁住进了“楚云台”，问话中暗含了谁将作为陈白沙的学术传人。陈白沙在回信中高兴地告诉李承箕，湛甘泉住进了“楚云台”。还向李承箕介绍湛甘泉，称赞湛甘泉，他认为湛甘泉将凌驾于“楚云台”之上，意谓湛甘泉的学术思想在李承箕之上，是白沙心学的理想传人。为了更好地培养湛甘泉，使湛甘泉能更好地继承自己的学术思想，陈白沙向湛甘泉讲授了白沙心学的核心思想：“自得之学”和“自然为宗”思想。陈白沙说：“为学当求诸心必得。”湛甘泉深得陈白沙的“自得之学”思想。湛甘泉说：“夫学，求自得而已。”陈白沙说：“此学以自然为宗者也。”湛甘泉说：“白沙先生云‘学以自然为宗’。当时问者或疑焉，若水服膺是训垂四十年矣，乃今信益笃。”“自得之学”和“自然为宗”是白沙心学的核心思想，“自得之学”和“自然为宗”构成了白沙心学的学术特征和本质特色。湛甘泉继承和发展了白沙心学“自得之学”和“自然为宗”的核心思想，深得陈白沙的信任。陈白沙以自己的学术思想后继有人而高兴，正式选定湛甘泉为自己的学术传人。

陈白沙在去世的前一年（1499年），正式将白沙心学的标识——江门钓台传授给湛甘泉，并作《江门钓濑与湛民泽收管》诗一首赠给湛甘泉，作为选定湛甘泉为学术传人的见证。“小坐江门不记年，蒲茵当膝几回穿。如今老去还分付，不卖区区敝帚钱。皇王帝伯都归尽，雪月风花未了吟。莫道金针不传与，江门风月钓台深。江门渔父与谁年，惭愧公来坐榻穿。问我江门垂钓处，囊里曾无料理钱。”陈白沙这首诗的意思是，我在江门几十年，天天静坐在江门钓台中，江门钓台凝聚了白沙心学的核心思想，它是白沙心学的“金针”，即白沙心学的标志。如今我老了，我不会把江门钓台这颗金针卖掉。我把江门钓台这颗金针传赠给湛甘泉，希望湛甘泉好好保存江门钓台这颗金针，弘扬白沙心学精神。为了慎重而庄严地表达陈白沙传赠金针心愿，选定湛甘泉为白沙心学传人的立场，陈白沙在诗的后面作跋，明确而坚定地指出：“江门钓台是白沙心学的衣钵，现在我郑重地宣布，我按照佛教禅宗传承衣钵的方式，把白沙心学这颗金针作为白沙心学的衣钵正式传给湛甘泉”，并对湛甘泉寄予继承白沙心学、弘扬白沙精神的重托。“跋云：达摩西来，传衣为信，江门钓台亦老夫（白沙先生）之衣钵也。兹以付民泽，将来有无穷之托，珍重，珍重。”湛甘泉不负陈白沙的重托，接过江门钓台衣钵，正式成为白沙心学的传人。

二、心学传人

湛甘泉接过江门钓台衣钵，正式成为白沙心学传人的第二年（1500年），陈白沙在江门去世。陈白沙去世时，正好是湛甘泉跟随陈白沙学习的第六个年头。陈白沙是明代著名的教育家。陈白沙秉承“有教无类”的原则，他广招学生，一生教授的学生有100多人。黄宗羲在《明儒学案》中为陈白沙立《白沙学案》。《明儒学案·白沙学案》中收入陈白沙的弟子有11人。黄宗羲还给陈白沙的衣钵传人湛甘泉立《甘泉学案》。这样，黄宗羲在《明儒学案》中为陈白沙弟子立学案的人共有12人。陈白沙最有代表性的学生李承箕、张诩、贺钦、林光、李子长都列入《白沙学案》中。陈白沙的这些学生中，有的学生从学陈白沙时间早，跟随陈白沙学习的时间也最长，如林光。有的学生深得陈白沙的喜爱，且在陈白沙去世之前就已考取进士，取得功名，如张诩。陈白沙为什么没有将衣钵传授给那些从学时间早、从学时间长的学生，而将衣钵传给从学时间较晚，跟随他学习时间也不长的湛甘泉呢？这除了陈白沙慧眼识英雄之外，也与陈白沙其他学生的人生经历和学术思想有关。

林光是陈白沙早期招收的弟子之一。林光（1439—1519年），广东东莞人。他从小就立志于圣人之学，发奋读书，由于家庭贫困，晚上读书没有灯油，常常依靠家中舂米的灯光进行学习，经常学习到半夜三更。林光的父亲林竹山，告诫林光不要过于苦读，以免伤害身体。林光却坚持不懈，他17岁以优异成绩考中秀才。林光早年对理学家吴澄情有独钟，他曾研读吴澄的著作，并大有收获。于是，林光在家附近的树边，搭建了一个草房，取名“得趣亭”，日夜读书其中。林光27岁考中举人，31岁时到京城参加会试，在会试时结识了陈白沙。当时陈白沙也在京城参加会试。在与陈白沙的交谈之中，林光受到陈白沙的影响非常大。同时，他们的思想观点有很多相同之处。与陈白沙的相识，改变了林光的学术方向，林光认识到世间除了科举考试之外，还有更为重要的学问，并为此而发出感叹：“豪杰之学岂止于举子之习？是必有可大可久者。”可大可久之学即如何做人的学问。这次科举考试，林光与陈白沙都落榜了，但却成了林光拜师陈白沙的契机。会试落榜后，林光与陈白沙同船返回广东。第二年，32岁的林光到江门拜43岁的陈白沙为老师，正式成为陈白沙的学生。林光为成为陈白沙的学生而感到高兴和自豪，并说“吾获所师矣”，他找到了自己心目中所期望的老师。林光拜师陈白沙之后，回到了东莞，在家乡榄山建立书室，潜心学习，随时向陈白沙请教，师生之间研讨学问二十多年，林光成了陈白沙最早的得意学生。

在林光读书学习、拜师求学的过程中，林光的父亲林竹山起到了重要的作用，并对林光的为学与为人产生了重要的影响。林竹山性格刚强果断，为人开朗，做事严谨，对任何事物都会问个所以然。同时，他又不计较，对任何事物都采取超然的态度。但对于林光的培养教育，林竹山却一点也不马虎，一刻也不放松。“凡百可百不可者，日益觑破。惟以教子为念。”对于林光的学习教育，林竹山从林光小时就抓起。林光小时，林竹山手抄范仲淹小时候的故事，作为教育林光的教材。他对林光说，你要牢记范仲淹小时候的故事。男人要自立，就应该向范仲淹一样。后来，林竹山得到范仲淹的著作，并要求林光好好学习。他对林光说，我为你找到了一位好老师，不要错过了向范仲淹学习的机会。“吾为汝得师，毋忽。”林光上学后，林竹山除了满足林光的日常生活需要外，就是为林光买书，并且不讲价钱。“光久在诸生，伏腊资给，百须无所累，经史百子置买不论钱。”在外面看到被人人称赞的好文章时，林竹山必亲自抄录下来，有人问他为什么抄录，他回答说，我担心我儿林光没有看到这些好文章。“于外及见时之人笔作有誉于人人者，必乎录不舍。人有故，曰：‘吾恐吾儿所未也。’”林光少时读书十分刻苦、用功，有时到半夜三更还不休息。林竹山十分爱护林光的身体，认为刻苦用功学习是好事，但必须爱护自己的身体。如果每天都苦读到半夜三更，会损害人的身体健康，应该改变这种习惯。林竹山对林光的学习、生活、健康可谓关怀备至。林光虽然从小成绩优秀，但科举考试并不顺利，31岁时科举考试落第，并拜同样科举考试落第的陈白沙为老师。林竹山没有因为林光的科举考试失败，就放弃对儿子的教育、培养。特别是当林光拜陈白沙为老师时，林竹山非常高兴，并认为这是林光人生中的大事。

"庚寅（1470年）拜石斋陈先生论学，公曰喜。曰：'吾闻先生有道，儿获所依归，足商酌其生平矣。'"后来林光在家乡榄山建立书室，林竹山亲自为林光进行规划，天天前往书室现场进行指导，直至书室建成。从此，林光就读于榄山书室之中，并时时向陈白沙请教，与陈白沙商讨学问。林光在榄山书室苦读数年，也没有参加科举考试以取得功名。当地的父老乡亲对于林光父子的举动有些非议，他们认为林光不参加科举考试是思想糊涂，并劝告林竹山督促林光参加科举考试以取得功名。"若教儿得举，官禄可指拾。不催促，若父子莫迷懵。"对于当地父老乡亲的好意，林竹山非常理解。但对他们的看法，林竹山却有保留态度。林竹山对父老乡亲说，他不是不希望林光参加科举考试，取得功名利禄；他认为林光此时学问尚未成熟，他不能中断林光的学问，而让林光去参加科举考试。他自责自己年老，不能给林光更多的帮助。"吾非不欲吾儿富且贵也。顾彼学才知味，吾岂忍劫之。吾尚恨吾老无能扶持之耳。"同时，林竹山对林光苦读榄山，潜心学问的行为继续给予鼓励和支持。他对林光说，你受祖先的庇护，只要能够闻道，即使死了也值得，还需要追求别的东西吗？"汝受庇宗先，或闻道，死且不朽，尚何求乎？"对于当地父老乡亲的各种议论，林竹山置之不闻。每当遇到各种重要节日或家中有生庆喜事，林光向林竹山行各种礼节时，林竹山就对林光的母亲游氏说，如果我们的孩子取得功名，居于官职，我们的生活用品就不是现在这些了。如果我们的孩子有远大的志向，我们虽吃着粗茶淡饭，但可以死而瞑目了。"脱或儿居官，安得圃栾若此。儿倘有立，吾虽啜菽饮水，死可瞑目矣。"林竹山的为人处世对林光的做事、为人产生了积极而深远的影响，这也是当今家风、家训教育的重要思想文化资源。

林光41岁时（1479年），他的父亲去世。这对林光的人生产生了直接而重要的影响，它改变了林光的人生方向。林光守父丧期满后，他结束了潜心在榄山书室读书的生活。此时的林光为家庭生计发愁，他不得不谋取一份公职以解决家庭的生计。对林光来说，唯一的出路，就是参加科举考试，谋取一官半职。在征得母亲游氏夫人的同意后，林光46岁时（1484年），参加科举考试。他考取乙榜进士，被朝廷安排到浙江平湖县当县学教谕。"先以见背，母老家贫，非禄不可。乃请诸母大人，遣赴甲辰会试（1484年）中乙榜，领平湖教谕。”林光从此走上了一条为官之路，这是一条饱受世人，包括他的老师陈白沙先生争议的艰难之路。林光在浙江平湖县担任县学教谕近十年，他忠于职守，言传身教，奖励后学，对平湖的教育乃至整个平湖的社会风气、人文环境的变化发挥了重要的作用，受到了当地官员和百姓的好评。“公力以师道自任，以身为教。……勉学者探本穷源，反身修行，诱掖奖劝，惟恐不至，一时士习丕变。”在任职平湖教谕期间，他先后三次参加福建、湖广以及顺天府的科举考试的主考工作。林光对这些工作兢兢业业、公平公正，为朝廷的人才选拔工作做出了贡献，人们公开称赞林光正直公正的人品。“凡三校文，皆称得士，人服其藻鉴。”

浙江平湖教谕任满，林光到京城述职。述职结束后，他本应该向朝廷提出申请，请朝廷安排他在家乡附近的地方任职，以便就近照顾母亲。可是，他没有及时申请，朝廷就已提升林光为山东兖州府学教授。这时，林光向朝廷提出就近任职申请，但朝廷没有同意。林光只好远离家乡，任职山东兖州府学教授。林光在山东兖州任职不到一年，母亲在家病逝，给林光留下了终生遗恨和内疚，并受到了陈白沙先生的批评。陈白沙认为，林光为了解决家庭的生计问题出去做官，无可厚非。但平湖任职结束以后，林光就应该事先向朝廷提出申请，请求朝廷安排他在家乡附近任职，以便照顾母亲。不要等到朝廷的任职决定下来以后，林光再提出申请，因为申请不被同意会造成母亲无人照顾的后果。“因升斗之禄以求便养，无难处者，特于语默进退斟酌早晚之宜不能自决，遂贻此悔，胸中不皎洁磊落也。”林光被迫离开山东兖州府学教授的职位，回家守母丧三年。三年后，林光改任浙江严州府学教授，任职三年。明弘治十三年（1500年），林光升任南京国子监博士。他在任职期内，严格教育学生，对改变国子监学风，加强国子监的管理，发挥了积极的作用，做出了应有的贡献。“进学有解，教胄子有辞，学者翕然宗师。”南京国子监博士任期结束后，林光升任湖北襄阳府左长史。在林光升任湖北襄阳府左长史之前，有人推荐林光到江西宁王府朱宸濠处任长史。林光委婉地拒绝了，并说宁王府的俸禄肯定比襄阳府高，但恐怕宁王日后有灾难。后来宁王朱宸濠因谋反被王阳明镇压。“先是宁府欲疏公为长史，托乡达张公泰柬之，公（林光）答曰：‘此职为禄非不可，但恐后日事难处，申生、白公可监矣。'后宁府卒以逆诛。"襄阳府是明代皇帝子孙的封地。林光在襄阳府任职达十年之久，对于革除襄阳府的弊端，加强襄阳府的管理，清除襄阳府贪污腐败现象做了重大的贡献。明正德八年（1513年），林光向朝廷提交退休报告，获得批准，林光告老返乡。林光退休回乡后，谢绝一切地方官吏的宴请，终日与书为伴，安闲自在地度过了幸福的晚年，于1519年逝世于家乡东莞，终年81岁。

林光31岁时（1469年）在京城结识陈白沙，32岁时（1470年）到江门正式拜陈白沙为老师。林光认为拜陈白沙为老师，是他非常正确的选择，"吾获所师矣"。陈白沙也十分喜爱林光这位学生，竭尽全力培养林光，把自己的学问毫无保留地传授给林光。"概惟白沙陈先生平生未尝轻于所学，而于公（林光）为最详，尝曰：'假令有毫发以上，吾不以告子而谁告耶？'"陈白沙一生不重视著述，也不太详细地向别人讲述自己的学术观点，对于林光却另眼相看。陈白沙详细地向林光讲授自己的学术思想，他还常常对人说，在学术上如果我有半点心得体会，我不讲授给林光，又讲授给谁呢？林光在陈白沙的精心培养教育下，深得陈白沙学术思想的精华。白沙心学的核心思想是"自得之学"。林光说："夫人之所以贵于学者，为闻道也。所谓闻道，在自得耳。读尽天下书，说尽天下理，无自得入头处，总是闲也。此事非忘年以求之，恐未易得，天壤间聪明才辨者何限，只是逐逐空过了，信得及者几人哉！"林光认为，人们重视学问，求学的目的是为了体认道、体认天理。人们体认道、体认天理，关键在于人们的自得。人们体认道、体认天理，不在耳目见闻上，也不在书本上，而在于心中，在于心的自得。"天衷在，人可朝闻而夕死。夫子之言激切若此，必不欺天下而误来世。所谓闻者，断不在耳目之间，陈迹之上也。"闻道，即体认道。在林光看来，人们体认道，不是用耳目等感觉器官去体认，而是用心去体认道，在心中体认道。"不得于言，必求于心。所谓平居了然见之，临事忽然丧之者，皆非融于心，神于口，神于手者也。融则不相忘矣。不得于目，由不融于心，不融于心，故不能神于口与手也。"人们闻道，必求于心，体认于心。只有求于心，体认于心，才能不会丢失，不会忘记。心既是体认道的主体，心也是存在于天地万物之上的本体。"夫人之一心，息之极而闲之至，足以参两间，而后群动万物不足以相挠，死生不足以为变，视世之为仁义者犹若拘拘，而况于功名富贵乎？”林光认为，人们闻道、体认道，既在心中体认道，也在天地万物中体认道，因为道既内在于心中，也内在于天地万物之中，道是无内无外的。“元来四方上下，往古来今，直是这个（指道）充塞周洽，无些小欠缺，无毫发间断，无人我大小远近，如一团冰相似，都滚作一块，又各各饱满，不相干涉者。”林光的“道”论思想，是在他拜师陈白沙一年之后体认出来的，林光把这一思想直接告诉了老师陈白沙。陈白沙对林光的“道”论思想给予了充分的肯定和赞扬。“进学所见，甚是超脱，甚至完全。”陈白沙在林光道论的基础上提出了“理无内外”的思想。“终日乾乾，只是收拾此（理）而已。此理干涉至大，无内外，无终始，无一处不到，无一息不运。会此则天地我立，万化我立，而宇宙在我矣。”从而建立了心无内外、理无内外的白沙心学思想体系。可见，林光对白沙心学思想的构建做出了突出的贡献。

虽然陈白沙认为林光的心学思想“甚是超脱，甚至完全”，但最终没有将白沙心学的衣钵传给林光，使林光成为白沙心学的衣钵传人。其实，林光为江门学派的创立，为白沙心学思想体系的构建做出了重要贡献。林光在陈白沙的众多弟子中地位最高，也受到了陈白沙和陈白沙其他弟子的好评。陈白沙曾说：“得此道而践履笃实者，惟辑熙（林光）一人而已。”陈白沙认为，林光是体认白沙心学，而且能实践白沙心学的第一人。可见陈白沙对林光的评价之高。事实上也确实如此。在陈白沙的文集中，收集林光写给陈白沙的书信、诗、文章也是最多的。在陈白沙的弟子中，林光当时的地位应该在湛甘泉之上。“后读《白沙子集》所载简读、诗章，与林先生最多。其精密要渺之旨，鲜与他人言，独于先生娓娓不倦，因知先生邃于理学，相传白沙弟子百其余人，首先生（林光）次文简（湛甘泉）。洵非虚语。”湛甘泉本人也曾为林光作《墓表》，他认为林光是继承陈白沙心学的第一人。“白沙夫子崛起南方，析濂洛之源，以达于洙泗，慨然任明道之责。当是时，得其门而入者，惟南川（林光）先生一人而已矣。”

林光的学术思想深得陈白沙的真传，跟随陈白沙学习的时间也较早，为什么陈白沙没有选中林光为衣钵传人呢？这当然有很多方面的原因，其中主要的原因有两个方面。一是林光的人生遭遇。林光早年的为学经历与陈白沙大体相同，筑室于榄山，潜心学问。林光41岁丧父，因家贫出仕，从而改变了林光的人生道路。对于林光的出仕，陈白沙曾多有微词。特别是林光平湖教谕任满之后，他没有及时向朝廷提出申请就近任职，以便照顾母亲。朝廷任命林光为山东兖州府学教授，一年之后，林光的母亲病故家乡。陈白沙因为这事对林光进行了严厉的批评，“因升斗之禄以求便养，无难处者，特于语默进退斟酌早晚之宜不能自决，遂贻此悔，胸中不皎洁磊落也”。林光自己也有这样的觉悟，故他发出了“一涉宦途，即为弃物”的感叹。二是林光的学术思想境界。林光虽然继承和发扬了白沙心学“自得之学”的心学思想，在开创江门学派，构建江门心学思想体系方面做出了积极的贡献，但在学术创新、建构自身完整的学术体系上不如湛甘泉。湛甘泉“随处体认天理”的心学命题是对白沙心学思想体系的继承和创新。因而陈白沙选中湛甘泉为衣钵传人而不选林光，确实是陈白沙慧眼识英才。

对于湛甘泉是陈白沙的衣钵传人，也有不同的看法。台湾学者姜允明认为，湛甘泉只是陈白沙名义上的衣钵传人，不是实际意义上的。他认为陈白沙真正的衣钵传人是王阳明。我们认为，钓台衣钵的直接继承人、白沙心学的真正传人是湛甘泉，而不是王阳明。

第三章
学贵自得　体认天理

湛甘泉是明代著名的哲学家，岭南心学的集大成者。湛甘泉在江门从学陈白沙时，他提出了“随处体认天理”的心学思想命题，表明湛甘泉的心学思想体系已初步形成。湛甘泉“随处体认天理”的心学思想，是受到白沙心学“自得之学”的启发而形成的。从学陈白沙后，湛甘泉放弃了以功名利禄为目的的科举之学，在陈白沙的指导下认真阅读程颢的著作，“甘泉子三十而游江门，江门夫子授程子之书”。他深刻领悟程颢的“吾学虽有所受，天理二字，却是自家体贴出来的”思想，提出了“随处体认天理”的思想命题，形成了“随处体认天理”的心学思想体系。湛甘泉“随处体认天理”的心学思想，直接继承和发展了陈白沙提出的“自得之学”的心学思想——“夫学，求自得而已。”它扩展、充实、完善了白沙心学“自得之学”思想，实现了白沙心学“自得之学”的创新性发展。白沙心学“自得之学”的核心价值首先是确立心的主体性，在确立心的主体性的基础上，实现心与理、心与事、心与身合一，建构心无内外、理无内外的内外合一的心学思想体系。湛甘泉“随处体认天理”的思想丰富和完善了白沙心学“自得之学”中心与理、心与事、心与身的合一思想，建构了系统而完整的心无内外、理无内外的内外合一的心学思想体系，体现了岭南心学的学术特色，为当代社会人们解决人与自然、人与社会、人自身的心与身的矛盾，实现人与自然、人与社会、人自身的心与身的合一提供了积极有效的优秀传统文化资源。

一、自得之学

“自得之学”是白沙心学的核心思想。明末著名思想家刘宗周说：“先生（陈白沙）学宗自然，而要归于自得。”白沙心学中“自得”的含义是什么？白沙心学的“自得之学”包含了哪些内容？孟子曾提出“自得”一词，并对“自得”的含义和“自得”的内容做了解释。孟子说：“心之官则思，思则得之，不思则不得也。”孟子认为“自得”的含义是心的自得。心是主体的思维器官，心的自得是主体的自得。“自得”的内容是人心中的道德本性——仁。人具有反思的功能，心通过反思，能认识到人心中的道德本性——仁，从而实现了心与性的合一，即主体与主体自身中具有的道德本性的合一。白沙心学的“自得之学”来源于孟子。陈白沙说：“为学当求诸心必得。”首先，白沙心学“自得”的含义是指主体的自得，白沙心学“自得”的内容是心中的理。在这里，“求诸心”的主体是心，“求诸心”的内容是人心中的理，即人心中的道德理性。“求诸心必得”是指在人心中必然能得到人心中的道德理性。这样，人心中的道德理性与人心中的情欲就合一了。陈白沙提出“自得之学”的心理合一思想，首先是针对明中叶以来，人们心中的理与欲未能合一的社会问题。陈白沙认为，“此心与理未有凑泊吻合”是明代当时的社会问题。明中叶以来，程朱理学居于统治地位，成为国家的意识形态，整个国家形成了“家孔孟而户程朱”的理学文化专制主义，造成了“父子失其亲，兄弟失其爱，……五品之伦、五常之性与生俱灭”的道德滑坡、伦理沦丧的局面。人与自然、人与社会、人自身的心身分裂成了当时的社会现实问题。陈白沙为社会的道德滑坡、伦理沦丧而忧虑。“此学（理学）寥寥，世间无人整顿得起。士习日见颓靡，殊可忧也。”为了挽救社会日益败坏的风气，陈白沙提出了“自得之学”。“是故道也者，自我得之，自我言之，可也。”白沙心学的“自得之学”强调心自得于道，心自得于理，首先解决人心中理与欲的矛盾，然后逐步解决人与自然、人与社会的矛盾，以实现心与身、心与理、心与事的合一。

陈白沙提出的“自得之学”是心学。陈白沙说：“为学当求诸心必得。

所谓虚明静一者为之主，徐取古人紧要文字读之，庶能有所契合，不为影响依附，以陷于徇外自欺之弊。此心学法门也。”白沙心学是以“虚明静一之心”为主体的心学。白沙心学的基础是确立“虚明静一之心”主体地位，白沙心学的目的是实现心与理契合，即心与理合一。白沙心学的方法是“求诸心”与“徐取古人紧要文字读之”合一的方法，即求诸内与求诸外合一的方法。这样，白沙心学既不被“徇外”的朱熹理学所蒙蔽，也不被“偏于内”的陆九渊心学所欺骗。这就是白沙心学的“心学法门”。白沙心学的“心学法门”把心学的宗旨、心学的方法、心学的目的完整地表述出来了。白沙心学的宗旨是以心为主体，即以“虚明静一之心”为主。白沙心学的方法是“求诸心”与“徐取古人紧要文字读之”合一的方法，即求于内与求于外合一的方法。白沙心学的目的是心与理合一，内与外合一。这样，白沙心学克服了“徇外”的朱熹理学与“自欺”的陆九渊心学的弊端，体现了白沙心学内外合一之学的特色。

白沙心学的“自得之学”首先确立心的主体地位，它强调心在自得于道、自得于理的过程中确立心的主体地位。“（心）终日乾乾，只是收拾此（理）而已。……会此则天地我立，万化我出，而宇宙在我矣。”主体心自强不息，刚健有为，它时时刻刻在收拾理，在自得理。主体心在收拾理、自得理之中，确立了心自身的主体性。天地因主体心而挺立，万物因主体心而彰显，整体宇宙因主体心而具有价值和意义。同时，主体心在挺立自身主体性的同时，主体心对于理、对于天地万物、对于整个宇宙都具有了主宰的意义。主体心对于理、对于天地万物、对于整个宇宙的主宰，表现在心与理、心与天地万物、心与人的身体的关系中。在心与理的关系中，白沙心学认为，心具有万理而主宰理。“君子一心，万理完具。”心中包含万理，万理居于心中，心与理合一。在心与理合一的关系中，白沙心学认为，不是以理为主，而是以心为主。“是故道也者，自我得之，自我言之，可也。”突出了心对理的主宰性。在心与事、心与物的关系中，白沙心学认为，万事万物不能离心而存在，万事万物因心而显现。“事物虽多，莫非在我。”心与事、心与物合一。在心与事、心与物合一的关系中，白沙心学认为不是以事、以物为主，而是以心为主。因为离开心，任何事物都失去了价值和意义。“事物虽多，莫非在我。”在心与身，即人的精神与人的形体的关系中，白沙心学认为，心虽然存在于人的形体中，但心主宰人的形体。“心寓于形而为主。”心与身是合一的。在心与身，即人的精神与人的形体合一关系中，白沙心学认为不是以人的形体为主，而是以人的精神为主。不是人的形体主宰人的精神，而是人的精神主宰人的形体。

在白沙心学思想中，心不仅是主宰之心，心也是道德心。心是主体心中的道德本性，心就是“仁”。“仁，人心也。充是心也，足以保四海；不能充之，不足以保妻子。”心是仁义之心，是人心中的道德理性。人只要扩充自己心中的道德理性，扩充自己心中的仁爱之心，就能保护天下的老百姓。人如果不能扩充自己心中的道德理性，不能扩充心中的仁爱之心，就连自己家中的妻子儿女也不能保护。从这里即可以看到，白沙心学思想中心的道德理性的含义，也包括白沙心学以道德治理国家的德治思想。在白沙心学思想体系中，心不仅是主宰心、道德心，心还是本体心。白沙心学中的本体心，是指存在于天地万物之上的形而上的心。白沙心学认为，心不仅存在于理之中、事之中、身之中，心也存在于理之上、事之上、身之上。在心与身的关系中，白沙心学认为，心不仅存在于心中，心也存在于心上、存在于万物之上，“身居万物中，心在万物上”。心与身、身与事、身与事物之理构成同一整体，心在万物之上，心也在身之上、事之上、理之上。居于万物之上的心，就是天地万物的本体之心。“古人今人无不同也。同其心不同其迹可也，同其归不同其入可也。入者，门也；归者，其本也。”白沙心学认为，古人和今人有相同的地方，也有不同的地方。相同的地方是人内在的心，不同的地方是人外在的相貌。人内在的心是本体，人外在的相貌是现象。本体之心既存在于形、事、理之中，本体之心又存在于形、事、理之外。这样，本体之心既是内在的，也是外在的，是无内无外、内外合一的。“（心）终日乾乾，只是收拾此（理）而已。此理干涉至大，无内外，无终始，无一处不到，无一息不运，……此理包罗上下，贯彻终始，滚作一片，都无分别，无尽藏故也。”白沙心学心无内外、理无内外的心理合一，内外合一思想，克服了朱熹理学“偏于外”和陆九渊心学“偏于内”的支离之学的弊端，实现了朱熹理学向明代心学的创造性转化，体现了白沙心学的本质特征和理论特色。

湛甘泉继承和发展了白沙心学的“自得之学”。湛甘泉说：“夫学，求自得而已。”湛甘泉不仅直接继承了白沙心学的“自得之学”，而且对“自得之学”有了新的理解和新的发展。湛甘泉认为，为学如果自己心有所得，则前人的思想（包括陈白沙的思想）都在自己的学问思辨之中，它既不同于前人的思想，也不异于前人的思想。湛甘泉“随处体认天理”的思想，就是他“自得之学”的产物。湛甘泉在“自得之学”的基础上，创造性地提出了“随处体认天理”的心学思想。湛甘泉说：“吾所谓天理者，体认于心，即心学也。”湛甘泉认为“体认天理”就是“自得天理”，在“体认天理”的心学思想中，湛甘泉首先确立了心的主体地位，指出在心与身（形）、心与事、心与理的关系中，心对于身（形）、心对于事、心对于理的主宰关系，强调心与身（形）、心与事、心与理合一。

首先，湛甘泉确立了心的主体地位，心是天地万物的主体，心对天地万物具有主宰作用。湛甘泉说：“圣人之学，心学也。如何谓心学？万事万物，莫非心也。”在这里，湛甘泉强调“万事万物，莫非心也”，就是突出主体心在天地万物中的主体地位。湛甘泉“万事万物，莫非心也”的心主体论思想，是对陈白沙“事物虽多，莫非在我”的心主体论思想的继承和发展。湛甘泉“万事万物，莫非心也”的主体论思想，体现在心对于身、心对于事、心对于理的主宰作用上。在心与身的关系中，湛甘泉认为，心对于身，心对于人的形体具有主宰作用。“人之一身，主之惟心思。”人的形体是受人的心支配、指使的。心与形是合一的。在人的形体与人的精神的关系中，湛甘泉认为人的精神主宰人的形体。“夫天地之生人，与是心，所以御是形也，非以御于形也。”宇宙之中先有自然界，然后才有人的形体，才有人的精神，才有心的认知作用。人的精神能主宰人的形体，人的形体不能主宰人的精神。人的精神与人的形体是合一的。在心与万事万物的关系中，湛甘泉认为，心主宰万事万物。“如何谓心学？万事万物，莫非心也。”“万事万物，莫非心也”这句话，一方面表明万事万物与心相即不离的关系，心与万事万物融为一体；另一方面表明万事万物因心才具有意义和价值，离开了心，万事万物毫无意义和价值。不论是心与万事万物相即不离，还是万事万物因心而具有意义和价值，都表现了心对万事万物的主宰、主导作用。在湛甘泉看来，心对万事万物的主宰、主导作用，具体表现为有实心则有实事。湛甘泉说：“何事而非心也？故有是实心，则有是实事。有其心而无其事者，吾未之闻也；无其心而有其事者，亦未之闻也。”心对事的主宰、主导作用，构成了心与事相即不离的合一关系。“心包乎事物之外，事物行乎心之中，内外合矣。”心与事是合一的。在心与理的关系中，湛甘泉认为理在心中，理通过心的作用显现出来，从而表现了心对理的主宰、主导作用。“天理二字，人人固有，非由外铄。不为尧存，不为桀亡。”天理是人人心中本有之理，它不是由外在的力量强加于人的。人心中本有的天理，不因为有尧这样的圣王才存在，也不因为有桀这样的暴君就灭亡。天理虽然是人人心中本来具有的理，但由于人心中私欲的遮蔽而不能表现出来，由于人的习俗的遮蔽而丧失。人只有通过人心的修养，才能使心中的理表现出来，从而实现心对理的主宰、主导作用。“盖心与事应，然后天理见焉。天理非在外也，特因事之来，随感而应耳。故事物之来，体之者心也。心得中正，则天理也。”主体心与外在事物相接触，然后心中的理才能显现出来。天理不在心外，外在事物与心接触时，心中之理与外在事物之理发生感应，心中之理就显现出来了，心与理是合一的。

在湛甘泉“随处体认天理”心学思想中，心不仅是主宰心，心也是道德心，是仁德之心。湛甘泉说：“仁，人心也，天理也。”湛甘泉心学思想中的仁德之心，就是仁、义、礼、智之心。“夫心也者，天德也，扩之至于足以保四海，王道备也。”湛甘泉认为人的道德之心是人内在的道德本性，这种内在的道德本性充分发挥出来，就能保护天下的老百姓。人的道德之心是湛甘泉王道政治的根本，是其以德治国的理论支撑。同时，湛甘泉认为，人的道德本心又是超越天地万物而存在的，它还是本体之心。“故上下四方之宇，古今往来之宙，同一天地，同一气也，同一心也。是故尧舜之心，即禹、汤、文、武之心；禹、汤、文、武之心，即孔、孟之心；孔、孟之心，即周、程之心；周、程之心，即白沙先生之心；白沙先生之心，即侍御吴君之心。初无二心，初无二道，在觉而存之者耳矣。”湛甘泉认为，心既存在于宇宙之中，心也存在于尧、舜，禹、汤、文、武，孔、孟、周、程，陈白沙等人的心中，它是天地万物的本体之心。这个本体之心就是湛甘泉“随处体认天理”心学思想中的“大心”。“圣人之学，皆是心学。所谓心者，非偏指腔子里方寸内与事为对者也。”“大心”是相对于人胸腔中的方寸之心来说的。湛甘泉认为，人胸腔之中的心是“小心”，它只存在于人的胸腔之内。湛甘泉的心是“大心”，它既存在于天地万物之外，也存在于天地万物之中。“故心也者，包乎天地万物之外，而贯夫天地万物之中者也。中外非二也。天地无内外，心亦无内外，极言之耳矣。”“大心”包乎天地万物之外，又贯穿乎天地万物之中，它是内外合一的心。湛甘泉“随处体认天理”的心学思想体系中，心的主体性思想，在心与身、心与事、心与理的关系中，心的主宰意义的思想，心的道德意义的思想，心的本体意义的思想以及心无内外的内外合一思想，是陈白沙“自得之学”心学思想的继承和发展。特别是湛甘泉与陈白沙心无内外的内外合一的思想，它体现了陈白沙开创、湛甘泉继承和发展的岭南心学内外合一的学术特色和本质特征，从根本上与程朱理学“偏于外”和陆王心学“偏于内”的内外割裂之学相区别。湛甘泉认为，不论是程朱理学“偏于外”还是陆王心学“偏于内”，都是“支离之学”。“夫所谓支离者，二之之谓也。非徒逐外而忘内，谓之支离也，是内而非外者，亦谓之支离也，过犹不及耳，必体用一原，显微无间，一以贯之，斯可以免也夫！”程朱理学“逐外而忘内”，割裂了内与外的合一，它是支离之学；陆王心学“是内而非外”，割裂了内与外的合一，它也是支离之学。以白沙心学与甘泉心学为主体构成的岭南心学，它强调内与外合一、体与用合一、显与微合一，避免了内与外、体与用、显与微的分裂，是心理合一、内外合一、体用合一、显微合一的圆满之学。

二、自得于理

白沙心学提倡“自得之学”，强调主体自得于道、自得于理。“是故道也者，自我得之，自我言之，可也。”白沙心学实现了心与道、心与理合一。湛甘泉继承和发展了白沙心学“自得之学”的思想，提出了“随处体认天理”的思想。“吾所谓天理者，体认于心，即心学也。”湛甘泉认为“随处体认天理”，也是心自得于道、心自得于理。甘泉心学实现了心与道、心与理合一。白沙心学提出心自得于道、自得于理。甘泉心学提出“随处体认天理”。在白沙心学和甘泉心学中，“道”的含义是什么？“理”的含义是什么？道、理是在心之内还是在心之外？白沙心学提出心自得于道、心自得于理的目的是什么？它要解决什么问题？甘泉心学提出“随处体认天理”的目的是什么？它要解决什么问题？只有弄清并回答了这些问题，白沙心学与甘泉心学中，心与理合一、心与道合一的思想才有意义和价值。同样，才能进一步为我们解决当代社会人与自然、人与社会、人自身的心与身的矛盾，实现人与自然、人与社会、人自身的心与身的和谐合一，找到可供借鉴的优秀思想文化资源。

心与理的关系问题，是宋明理学家特别关注的问题。由于心与理的含义、心与理的关系，不同的理学家有不同的理解和阐释，因而对心与理的关系问题就有不同的看法。在宋明理学家眼中，理一般具有物理，即自然规律；伦理，即社会规范及其规律；性理，即人心中的道德理性的含义。心与理相对应，心与理的关系涉及人与自然、人与社会、人自身中道德理性与情欲的关系。由于白沙心学是针对明中叶以来，社会普遍存在的人们心中的心与理不能吻合，从而造成社会道德滑坡、伦理沦丧的社会问题来讨论心与理的关系的。因而，在白沙心学中，理的含义主要是指人心中的道德理性，心与理的关系主要是指人心中的道德理性与情欲的关系。当然，在白沙心学中，理也包含天理（天道）和伦理（人道）的含义。白沙心学中的心与理的关系，也涉及人与自然、人与社会的关系。白沙心学讨论心与理的关系，提出心自得于理，首先要解决的是人心中的道德理性与人心中的情欲割裂为二的问题，目的是实现人心中的道德理性与人心中的情欲和谐统一。其次是解决人与社会伦理规范的矛盾和冲突，目的是实现人与社会的和谐统一。最后是解决人与自然的矛盾和冲突，目的是实现人与自然的和谐统一。

在白沙心学思想体系中，“理”首先是人心中的道德理性。心与理的关系，就是人心中的道德理性与人心中的情欲的关系。白沙心学提出“心自得于理”，目的是实现人心中的道德理性与人心中的情欲的和谐统一。白沙心学认为，理是人心中的道德理性。“夫天下之理，至于中而止矣。中无定体，随时处宜，极吾心之安焉耳。”理是人心中的中正之体，即人心中本来具有的道德理性。这个道德理性就是“仁”，“仁，人心也”。人的道德理性是人心中最宝贵、最有价值的东西，它是人与动物相区别的根本标志。“人具七尺之躯，除了此心此理，便无可贵，浑是一包脓血裹一大块骨头。”白沙心学认为，人心中的道德理性与人心中的情欲的关系，表现为理与欲的关系。理与欲的关系也是心与身的关系。心与身是合一的，但心为主，身为次。理与欲是合一的，但理为主，欲为次。“心寓于形而为主，主失其主，反乱于气。”可是，人心中的道德理性容易受到人心中的情欲的遮蔽，容易受到后天气习的干扰，人心中的道德理性就不能彰显出来。陈白沙指出，如果人心中的道德理性一旦受到人心中的情欲的遮蔽，后天气习的干扰，人心中的情欲就会萌发而战胜人心中的道德理性。这样，人与动物就没有什么区别了。陈白沙说：“况人易于蔽者乎！耳之蔽声，目之蔽色；蔽口鼻以臭味，蔽四肢以安佚。一掬之力不胜群蔽，则其去禽兽不远矣。”人的耳、目、口、鼻、四肢容易被各种欲望所蒙蔽、遮盖，耳朵容易被好听的声音遮蔽，眼睛容易被好看的颜色遮蔽，口、鼻容易被好闻的气味遮蔽，四肢容易被安逸遮蔽。人心中的道德理性如果不战胜各种欲望的遮蔽，人就会沦为禽兽。这样，人心中的情欲越来越旺盛，天理就会越来越隐晦。“溺于蔽而不胜，人欲日炽，天理日晦。”人心中的天理如果能够克服战胜人心中的各种欲望，这样，人欲就会一天天的减少，天理就会一天天的增加。“知其蔽而去之，人欲日消，天理日明。”白沙心学自得之学的目的，就是克服人心中理与欲的矛盾对立，主张以理节欲，以理制欲，实现理与欲的和谐统一。“断除嗜欲想，永撤天机障。”除去人心中的各种过分的欲望，消除阻碍人心中天理彰显的各种障碍，完整地保存人心中的天理，彻底地根除、克服人心中的各种欲望。“蝉蜕人欲兮，天理自全。”白沙心学从理与欲的关系中突出了理是人心中的道德理性，并主张以理节欲，以理制欲，强调人的身心的和谐统一。

白沙心学思想体系中，理具有社会规范含义。白沙心学讲心自得于理，它注重的是人遵守社会原则和规范，实现人与社会的和谐统一。在人与社会的关系中，白沙心学中的理常常以礼、人道的形式表现出来。陈白沙说：

“礼无所不统，有不可须臾离者，克己复礼是也。”白沙心学认为，礼（理）是社会道德规范和社会秩序，它包含社会生活中方方面面的内容。人们不能离开社会道德规范而生活，人们必须遵守社会规范，“克己复礼”。作为社会规范的理，它是人们常常遵守的社会秩序，它就存在于人们的日常生活中。“常道如菽粟布帛，时而措之；如冬裘夏葛，不离人伦日用之间。”社会秩序、社会规范就像人们每天必须吃饭穿衣，时时离不开它们。就像人们冬天穿棉裘，夏天穿葛衣，它就在人们日用常行中。“理”就是“常道”，平常之道，白沙心学也称它为人道（圣道）。“圣道至无意。比其形于功业者，神妙莫测，不复有可加，亦至巧矣，然皆一心所致。”圣道就是人类社会秩序之道，它体现在人们建功立业的外王事业中。人类社会的规律虽然变化莫测，但却体现了人们的主观能动性，“一心之所致”。所以，人们应该遵守社会秩序，遵循社会规律，实现个人与社会的合一。“以礼教人，盖亦由是而推之，教事事入途辙去，使有所据守耳。”以礼教人，以社会伦理规范来教育人们，使人们遵守社会秩序和规范，这样，人与社会就和谐了，“理”作为社会规范的意义也就体现出来了。

在白沙心学思想体系中，理还具有自然规律的含义。白沙心学讲心自得于理，它要求人们遵守自然规律，实现人与自然的和谐统一。白沙心学思想中有“天下一气”的思想。“天地间一气而已，屈信相感，其变无穷。”白沙心学认为，宇宙中的天地万物由气构成，气处于运动变化之中，气的运动变化表现为一定的规律，即“天道”。在人与自然的关系中，理常常以天道的形式表现出来。“天道常流转，园林又变疏。”天道就是自然界的规律，它就表现在自然界的具体事物中。园林之中的花草树木随着自然规律而发生变化，树叶有稀疏有稠密。春天万物生长，花草树叶稠密；秋天万物凋谢，花草树叶稀疏。同时，任何事物有光明的一面，也有黑暗的一面，光明与黑暗是相互依赖、相互转化的。任何事物有伸张的一面，也有收缩的一面，伸张和收缩是相互依赖、相互转化的，这是自然界客观事物本身所具有的规律。“其晦也不久，则其光也不大；其诎也不甚，则其信也不长。物理固亦有然者矣。”晦与明即黑暗与光明是事物固有的一对矛盾，没有黑暗就没有光明。诎与信即弯曲与伸张是事物固有的一对矛盾，没有弯曲就没有伸张。

黑暗与光明的对立统一，弯曲与伸张的对立统一，这就是自然规律，就是天道。“天道至无心。比其著于两间者，千怪万状，不复有可及。至巧矣，然皆一元之所为。”自然规律是客观的，它不以人的主观意志为转移。自然规律表现于天地之间的万事万物之中，千差万别，多种多样。自然规律与人类社会的规律不同，人类社会规律虽然是客观的，但却包含了人的主观能动性，“一心之所致”。自然规律是物质性的气所具有的规律，人的主观能动性不能参与其中。“一元之所为。”白沙心学突出“理”的性理（道德理性）、伦理（社会伦理）、物理（自然规律）的含义，强调心自得于理，目的是为了实现人的身心的和谐统一，人与社会的和谐统一，人与自然的和谐统一。

湛甘泉“随处体认天理”心学思想中天理的含义，继承和发展了白沙心学中“天理”的含义。湛甘泉认为，“天理”包含了道德理性、社会规范、自然规律的含义。湛甘泉认为，“随处体认天理”首先是体认人心中的道德理性，使心中的道德理性与心中的情欲合一。其次，“随处体认天理”，也是认识社会伦理规范，使个人与社会合一。再次，“随处体认天理”还包含认识自然规律，使个人与自然合一。在湛甘泉的心学思想中，理首先具有道德理性的含义，它关注的是人心中的道德理性和情欲的关系，目的是实现心与身、道德理性和情欲的合一。湛甘泉认为，人心之中有理有欲。理是人心中的中正本体。“天理者，吾心中正之本体也。”这个中正本体就是道德心、人的道德理性。“仁，人心也，天理也。”人的道德心，它展现为仁、义、礼、智之心，它是人心中天然具有的道德本性。“夫心也者，天德也，……夫仁义礼智，天德也。”欲是人心中的情欲，人的情欲与人的形体相联系。在心与形的关系、人的道德理性与人的情欲的关系中，湛甘泉认为，人的心主宰、主导人的形体，人的道德理性主宰、主导人的情欲。因此，人的心与身是合一的，人的道德理性与人的情欲是合一的。“夫天地之生人，与是心，所以御是形也，非以御于形也。”可是，由于人的后天习俗的蒙蔽，人心中的情欲的膨胀，人心中的道德理性消失了。“气习物欲蔽之，则本体昏塞而不知返，天理灭矣。”为了除去习俗物欲对人心本有的道德理性的蒙蔽，使人心本有的道德理性显现出来，湛甘泉主张用煎销习心的办法，消除蒙蔽天理的习俗之心。“体认天理乃煎销习心之功夫。盖天理与习心相为消长，养得天理长一分，习心便消一分，天理长至十分，则习心便消十分。”同时，湛甘泉认为，向别人学习、向别人请教也是除去习俗之心蒙蔽人的道德理性的方法。“此理在人心本自固有，然或有所蔽，则此理不明，所以不能不资人问询，以警其良知，盖此理人人同得故也。”理是人心中的道德理性，也称之良知。但良知有时被蒙蔽，不能彰显出来。因此要向别人学习，向别人请教，以警发心中本有的良知。除了向别人学习，向别人请教外，向书本学习，向书本请教也是除去蒙蔽、彰显良知的好方法。“天理也，至善也，物也，乃吾之良知良能也，不假外求也，但人为气习所蔽，故生而蒙，长而不学则愚。故学问、思辨、笃行诸训，所以破其愚，去其蔽，警发其良知良能耳。”总之，在人的心与身、人的道德理性与人的情欲的关系中，在心主宰、主导身，理主宰、主导欲的情况下，心与身、理与欲是合一的。可是，由于人的欲望的过度膨胀，后天的各种习俗的蒙蔽，人的道德理性被淹没了，遮蔽了，理与欲分裂为二。为了使心与身、理与欲和谐合一，湛甘泉主张煎销习心，使心重新主宰、主导身，理重新主宰、主导欲，使心与身、理与欲重新合一。在心与身、理与欲的关系中，理是人心中的道德理性。

在湛甘泉心学思想中，理不仅是人心内在的道德理性，理也是外在的社会伦理规范。它表现为人与社会的关系，目的是实现人与社会的和谐统一。在人与社会关系中，理首先表现为人道秩序。湛甘泉说：“所谓人道之序者非他也，天理也。”人道是与天道相对的，人道是人类社会的发展规律和秩序，它包含各种社会制度和道德规范。湛甘泉认为天理是人道之序，天理是人类社会最基本的社会制度和规范。在湛甘泉看来，人类社会需要制定各种制度和规范来约束人、管理人，人必须执行和遵守各种制度和规范，使社会有序的运行和发展，这就是人与社会的合一。在湛甘泉心学中，作为人类社会最基本的社会制度和规范的天理，其表现形式就是礼。湛甘泉主张以礼教人，以各种具体的社会伦理规范约束人、管理人。“圣人制礼以教人也，盖本之于天理尔。天理者天性也，故‘三千’‘三百’，无一而非性也。”湛甘泉认为，“礼”是圣人制定出来教育人、约束人的社会制度、社会规范，其理论来源是人的内在的道德本性天理。“三千”“三百”等各种具体的礼仪制度和规范，它就是家、国、天下之礼。家庭的伦理制度和规范表现为孝、悌的人伦秩序和规范，国家的伦理制度和规范表现为忠、信的人伦秩序和规范。湛甘泉提出“随处体认天理”，就是要求人们认识人类社会规律，遵守社会制度和规范，实现人与社会的和谐统一。

在湛甘泉心学思想中，理还具有自然规律和自然法则的含义。它表现为人与自然的关系。目的是实现人与自然的和谐统一。作为自然规律和自然法则的理，在湛甘泉的心学思想体系中表现为气之理。湛甘泉心学思想中包含了“宇宙一气”的思想。湛甘泉认为，宇宙中的万事万物是由气构成的。“宇宙间一气而已。”宇宙之间充满着物质性的气，天地人都是由气构成的。“夫天地之生物也，犹父母之生子也，一气而已矣。”气是运动变化的，气的运动变化过程是道，是自然界的规律。“一阴一阳之谓道，外阴阳则道不可言矣，阴阳息则无以见道矣。”道是物质性的气的变化规律，道存在于物质性的气之中，离开了物质性的气没有道。在这里，气是宇宙万物的实物，道是宇宙万物运动变化的规律，道与气是合一的。湛甘泉“随处体认天理”就是体认自然界中存在的物理，就是认识自然规律，实现人与自然的合一。当然，湛甘泉“随处体认天理”的思想中，天理虽然包含了人的道德理性（性理）、社会伦理规范（伦理）、自然规律（物理）三种含义，但湛甘泉心学思想中的理，主要还是性理和伦理两种含义。理虽然也包含了物理的含义，但湛甘泉常常给物理打上性理、伦理的烙印。湛甘泉在论述“一阴一阳之谓道”的物理时，往往给“一阴一阳之谓道”的“道”予伦理的含义。“其一阴一阳之中者谓之道。”中即中正，物理变成中正之物理，自然规律变成了人类社会规律。这样一来，湛甘泉“随处体认天理”所力求实现的人与自然、人与社会、人的身与心的和谐统一，主要是致力于人与社会、人的身与心的和谐统合一。

第四章
自然为宗　涵养致知

湛甘泉从学陈白沙时，他不仅系统而完整地领悟了白沙心学自得之学的基本思想，提出了“随处体认天理”的心学思想，强调自得于理、“随处体认天理”，实现心与理合一，而且他还系统而完整地掌握了自得于理、“随处体认天理”、“自然为宗”的方法。湛甘泉坚守“自然为宗”的方法四十余年，“先师白沙先生云‘学以自然为宗’。当时闻者或疑焉。若水服膺是训垂四十年矣，乃今信之益笃”。“自然为宗”是白沙心学的为学方法的宗旨，“先生（白沙先生）学宗自然”。陈白沙一生坚守“自然为宗”的为学方法的宗旨，并以此法教育学生。陈白沙亲自对湛甘泉说：“此学以自然为宗者也。”他要求湛甘泉要好好领会白沙心学的为学方法。陈白沙虽然提出“自然为宗”的心学学术方法，但对“自然为宗”的含义及其所包含的内容，没有做明确而系统的解释。湛甘泉终生信奉“自然为宗”的学术方法，并对“自然为宗”的含义、所包含的内容做了系统的解释。湛甘泉认为“自然为宗”作为心学的学术宗旨，它不仅仅是为学方法，它还包含了本体论、境界论的含义。“自然为宗”的本体论意义是指自然是表示本体的道、本体的天理。“自然为宗”的境界论意义是指自然是表示境界的乐。“自然为宗”的方法论意义，首先指出自然的含义是天然，是自然而然。自然的方法包括勿忘勿助、主静与主敬合一、主静与主动合一、知与行合一、涵养与致知合一等方法。

一、学宗自然

“自然为宗”是白沙心学为学方法的宗旨。明末著名思想家黄宗羲指出：“先生（白沙先生）学宗自然，而要归于自得。”白沙心学以“自然”作为为学方法的宗旨。白沙心学的核心思想是“自得”。本书第三章我们分析了白沙心学“自得之学”的含义、内容及目的。白沙心学的“自得之学”讲主体的自得，突出心的主体地位，彰显了其学说的心学特征。白沙心学的“自得之学”讲心自得于道、自得于理，突出主体对道、对理的主宰作用，具体表现在心与身、心与理、心与万事万物的关系中，心对身、心对事、心对理的主宰作用。同时，我们分析了白沙心学中理的含义，理包含人心中的道德理性、社会伦理规范、自然规律三种含义，白沙心学讲心自得于道、自得于理，目的是实现心与身、心与事、心与理的和谐统一，即人自身的心身合一，人与社会、人与自然的和谐统一。白沙心学“自然为宗”的为学宗旨是解决心与身、心与事、心与理如何和谐统一，即心与身、人与社会、人与自然如何合一的方法。

“自然为宗”是白沙心学的为学宗旨。“自然”在白沙心学中的含义是什么？“自然为宗”的含义是什么？它包含哪些内容？如何实践“自然为宗”的方法？在白沙心学思想中，“自然”的含义是自然而然，是天然。即自己天然如此。陈白沙说：“大块无心，孰夭孰寿？消息自然，匪物有咎。”天地万物没有意志，没有目的。万物自身存在、自身发展，万物自然生长、自然灭亡，这里的“自然”是自然而然的意思。“谁会五行真动静，万古周流本自然。”万物的存在是自然而然的，万物的变化也是自然而然的，万物处于周而复始的自然而然运动变化之中。“一痕春水一条烟，化化生生各自然。七尺形躯非我有，两间寒暑任推迁。”白沙心学中“自然”所包含的自然而然、天然含义，与道家学派的创立者老子、道家思想集大成者庄子所讲的“自然”是天然含义是一样的。老子说：“人法地，地法天，天法道，道法自然。”老子的“道法自然”，不是说道效法自然界，而是说道的本性是自然而然的。庄子说：“牛马四足，是谓天；穿牛鼻，落马首，是谓人。”庄子认为，牛、马都有四条腿，这是自然而然生来具有的，这是天，天就是自然。给牛穿上绳索，给马带上笼头，这是后天人为的行为，它是违背自然的。

白沙心学中“自然”的本质意义，与老庄思想中的“自然”的本质意义是不同的。白沙心学中“自然”的本质意义是道，是人心中的道德理性。“夫道以天为至，言诣乎天曰至人。必有至人，能立至言。”“道以天为至”，是指道以符合天、符合自然为最高标准，符合自然的言论是至言，符合自然的人是至人。这里的天、自然是指人心中的道德理性，其价值取向是善。“出处语默，咸率乎自然，不受变于俗，斯可矣。”这是说，人们的行为、言论都必须符合人心中的道德理性，因为每个人心中的道德理性都是自然而然的、天然具有的，不因外在的社会习俗的影响而变化，不受人为的有意安排。白沙心学思想中的“自然”是指人心中的道德理性，“自然”的本质意义是“善”。道家则相反，道家的“自然”注重事物的自然属性，突出一个“真”字。老子说：“是以圣人欲不欲，……以辅万物之自然，而弗敢为也。”老子的“辅万物之自然”是指遵循万物的自然本性。在老子看来，万物的自然本性是“真”的。而老子的“弗敢为也”，是指人不要勉强作为，因为勉强作为是假的。正如庄子所说的，“牛马四足”是牛马生来具有的本性，它是“真”的。“穿牛鼻、落马首”是人为的结果，它可能有虚伪的一面。白沙心学中“自然”的本质意义是“善”，老庄思想中的“自然”的本质意义是“真”，它们体现了儒、道“自然”所体现的不同价值取向。在白沙心学中，“自然”也包含道的意义，它体现了“自然”的本体意义。

在白沙心学思想中，“自然”也具有境界的意义，“自然之乐”就体现了“自然”的境界意义。陈白沙说：“自然之乐乃真乐也。”“自然之乐”就是“自得之乐”，它是“真乐”。白沙心学认为“真乐”是人心中所具有的，它就存在于人心之中。“真乐何从生，生于氤氲间。氤氲不在酒，乃在心之玄。”陈白沙认为，人们真正的乐处，不是喝酒娱乐，而是人的心灵深处的自得之乐。白沙心学的“自得之乐”，不是人世间的富贵之乐，也不是天地中的山水之乐。“富贵非乐，湖山为乐；湖山虽乐，孰若自得者之无愧作哉！”有人以人世间的富贵为乐，这是一种功利之乐。以富贵为乐的功利之乐与自然界的山水之乐相比较，功利之乐不如自然界的山水之乐。但自然界的山水之乐与人心中的自得之乐相比较，自然界的山水之乐又不如人心中的自得之乐。因为人心中的自得之乐是超越天地万物，超越个人生死、个人名利、个人富贵的自然之乐。“士从事于学，功深力到，华落实存，乃浩然自得，则不知天地之为大、死生之为变，而况富贵贫贱、功利得丧、屈伸予夺之间哉！”白沙心学以“自然”为内涵的“自得之乐”，乃是与天地为一体的境界之乐。“君子之所得者有如此，则天地之始，吾之始也，而吾之道无所增；天地之终，吾之终，而吾之道无所损。天地之大，且不我逃，而我不增损，则举天地间物既归于我，而不足增损于我矣。天下之物尽在我而不足增损我，故卒然遇之而不惊，无故失之而不介。”人与天地万物同始终，天地之间增加什么，人也不感到快乐。天地之间减少什么，人也不感到忧愁。人与天地万物为一体而为天地万物同乐，这种“自然之乐”是与天地为一体的境界之乐，这就是“真乐”。白沙心学又称之为“至乐”。“至乐终难说，真知不着猜。”“至乐”是最高境界的乐，即天地境界的乐，它不能用语言来表达，语言也不能表达它。它不能用思维而推测，思维也不能推测它。

白沙心学的“至乐”思想与道家庄子的“至乐”思想有相似之处。庄子提出“至乐无乐”的思想。庄子所说的“至乐”是天地境界之乐。所谓“至乐无乐”是指“至乐”不是具体的乐，“至乐”是超越于具体之乐的乐。在庄子看来，具体的乐表现为“天乐”和“人乐”。“夫明白于天地之德者，此之谓大本大宗，与天和者也。所以均调天下，与人和者也。与人和者，谓之人乐；与天和者，谓之天乐。”庄子认为，把握天地自然无为的本性，从而与天地和谐一致，这是“天乐”。协调天下之人的各种矛盾，从而与人和谐一致，这是“人乐”。“天乐”“人乐”是具体的乐。“至乐”是超越天乐、人乐这些具体之乐的形上之乐，是一种天地境界之乐。白沙心学的“至乐”也是一种天地境界之乐。

虽然白沙心学的“至乐”思想与庄子的“至乐”思想有相同之处，但骨子里包含的却是儒家的“孔颜之乐”，即孔子、颜回之乐。“孔颜之乐”是与天地为一体的自然之乐。这种“自然之乐”是以主体的“自得之乐”为基础的。“孔颜之乐”是超越个人名利、富贵，即超越功利、超越道德境界的天地境界之乐。孔子说：“饭疏食饮水，曲肱而枕之，乐亦在其中矣。不义而富且贵，于我如浮云。”“孔颜之乐”就是白沙心学所说的心之乐、自得之乐。“仲尼、颜子之乐，此心也；周子、程子，此心也，吾子亦此心也。得其心，乐不远矣。”心之乐也就是白沙心学的自然之乐，它体现了白沙心学思想中“自然”的境界意义。

湛甘泉坚守白沙心学“自然为宗”的为学宗旨四十余年，对“自然为宗”的为学宗旨有系统的理解和创新性的发展。湛甘泉说：“学以自然为宗。当时闻者或疑焉。若水服膺是训垂四十年矣，今乃信之益笃。”陈白沙提出“自然为宗”的为学宗旨，并以“自然为宗”的为学宗旨教授学生。湛甘泉就是白沙心学“自然为宗”的为学宗旨直接接受者和继承者。同时，白沙心学“自然为宗”的为学宗旨中，“自然”虽然包含自然而然的天然意义，“道本自然”的本体意义，“自然之乐”的境界意义，但陈白沙并未对“自然”的自然而然的天然意义、“道本自然”的本体意义、“自然之乐”的境界意义给予明确的定义。湛甘泉与陈白沙不同，他不仅继承和发展了白沙心学“自然为宗”的为学宗旨，而且对“自然”的天然意义、本体意义、境界意义给予了明确的定义，形成了“自然为宗”系统而完整的思想体系。

湛甘泉首先给“自然”赋予了明确的定义。湛甘泉认为，“自然”的含义就是自然而然，就是天然。湛甘泉说：“夫自然者，自然而然。吾且不能知其然，吾又何以知其所以然？”“自然”的含义是自然而然，是自己这样存在，是自己这样变化。自己存在的根据是什么，自己不知道；自己变化的原因是什么，自己也不知道。“自然”是自己存在、自己发展，不依靠人力的安排。“自然”的含义是不着安排。湛甘泉从人、天地万物自己这样存在，自己这样发展来论述自然的不着安排的意义。从人来说，“（人）自喜自怒，自哀自乐，天机之动，无适无莫。知天所为，绝无丝毫人力，是谓自然”。人自己高兴，人自己愤怒。人自己悲哀，人自己欢乐。人的心灵运动，没有目的，没有方向，一切都是自然而然，没有丝毫的人力参与其中，这是“自然”。从天地来说，“其观于天地也，天自为高，地自为卑。乾动坤静，巽风震雷，泽流山峙，止坎明离。四时寒暑，自适其期。一阴一阳之谓道，道自无为，是谓自然”。天在上自为高，地在下自为卑。天动地静，风顺雷震，水流山静，四时运行，一寒一暑，寒来暑往，按照一定的规律运动变化，一阴一阳的规律就是道。道是自然无为的，这是天然。天地之间的万物自己生长，自己变化，不论是颜色还是形体，都是由自己决定。鱼在水中游，鸟在天上飞，都是自己决定，没有外在的人为手段参与其中。一句话，“自然”就是自然而然，就是无人力安排，无人为造作，“自然”即“天然”。

湛甘泉给“自然”赋予天然的定义，与道家老子、庄子关于“自然”就是天然的含义基本相同。但湛甘泉对“自然”的定义绝不局限于自然而然、天然的理解中，湛甘泉对“自然”的本质属性、内在规定性做出明确规定。湛甘泉认为，“自然”是指具有价值意义、道德意义的仁义之心，“自然”是天理，“自然”是“善”。它与道家老子、庄子认为“自然”的本质含义是事物的自然状态，是事物的“真”相区别。湛甘泉说：“自然之蕴，其淳和之心乎？其仁义忠信之心乎？夫忠信、仁义、淳和之心，是谓自然也。”“自然”包含的意义是什么？湛甘泉认为，“自然”包含的意义是淳和之心，即诚朴、笃实的和顺之心，是仁爱、忠厚、诚信的道德之心。仁爱、忠厚、诚信的道德之心，就是天理。“夫自然者，天之理也。理出于天然，故曰自然也。”“自然”就是天理，就是人心中内在的道德本性。人心中内在的道德本性是自然而然的，也是至善的。“天理也者，吾心中正之本体也。”天理是人心之中的中正本体，是仁义、忠信的道德本体，不是牛马四足的生理本性。同时，人心中的中正本体也是自然具有的，不是人为安排的。“天理是天然自有之中”，天理是自然而然的，也是中正的。湛甘泉的“天理是天然自有之中”的思想，与陈白沙的“夫天下之理，至于中而止矣”的思想是一脉相承的，它突出天理的道德性是自然而然先天存在的。湛甘泉所说的天理就是仁义、忠信之心。仁义、忠信之心也是湛甘泉所说的“大心”，这个“大心”是无内无外之心，它是天地万物的本体。“故心也者，包乎天地万物之外，而贯夫天地万物之中者也。中外非二也。天地无内外，心亦无内外，极言之耳矣。”“自然”是仁义忠信的“大心”，“自然”也是天地万物的本体。

在湛甘泉心学思想中，自然也具有境界的意义，它表现为乐的思想。湛甘泉说：“孔门之学，只在求仁而已矣。……仁存则性尽，性尽则自乐，非乐他物，非乐箪食陋巷，非在他求，自乐其乐。”“自乐”则是自得其乐。湛甘泉的“自乐”思想是从孔颜之乐发展而来。孔子说：“饭疏食饮水，曲肱而枕之，乐亦在其中矣。不义而富且贵，于我如浮云。”孔子不以富贵为乐，富贵对于孔子就好像过眼云烟一样，不值得以之为乐。孔子之乐就存在于粗茶淡饭之中，就存在于把胳膊当枕头的睡卧之中。孔子以自己之乐称赞颜回，认为颜回之乐与自己之乐相同。“贤哉，回也！一箪食，一瓢饮，在陋巷，人不堪其忧，回也不改其乐。贤哉，回也！”颜回与孔子一样，吃简单的饮食，住简陋的屋子，心中却保存着快乐。湛甘泉把孔颜之乐归结为乐天、事天。“孔子之学，不怨天，不尤人；颜子之学，不迁怒，不贰过。不怨尤者，乐天也；不迁不贰者，事天也。”孔颜心中没有忧愁，没有怨恨，只有快乐、欢乐。这种快乐就是天乐，就是自然之乐。湛甘泉认为，自然之乐是自然而然的，它不执着于任何事物。“甘泉曰：‘乐则无事，无事故乐矣。有事非真乐矣。’”自然之乐就是“真乐”，它超越于任何事物之乐。“此个乐，南面王之乐不足过之，虽大行不加焉，虽穷居不损焉。”湛甘泉的自然之乐的境界意义直接继承了陈白沙的自然之乐的境界意义。

二、勿忘勿助

白沙心学“自然为宗”的为学宗旨，虽然突出了“自然”的天然含义，“自然”的本体含义，“自然”的境界含义，但“自然为宗”的核心思想是“自然”的为学方法。白沙心学的“自得”之学强调心自得于道，心自得于理，实现心与道、心与理合一。白沙心学的“自然”之学则强调心如何自得于道？心如何自得于理？突出心自得于道，心自得于理的方法。白沙心学自得于道、自得于理的方法就是勿忘勿助的方法。黄宗羲指出：“（白沙）以勿忘勿助为体认之则，以未尝致力而应用不遗为实得，远之则为曾点，近之则为尧夫。”“勿忘”就是不遗忘，顺其自然。“不助”就是不辅助，顺其自然。勿忘勿助就是指心在自得于道、自得于理的过程中，心不要有意地减少什么，心也不要有意地增加什么，保持心灵的自由。陈白沙说：“终日乾乾，只是收拾此（理）而已。……舞雩三三两两，正在勿忘勿助之间。”白沙心学认为，心自强不息自得于理的工夫，不是有意安排的工夫，而是勿忘勿助的工夫。白沙心学的勿忘勿助工夫包含涵养与致知合一、主静与主敬合一、主静与主动合一、致虚与致实合一、知与行合一、尊德性与道问学合一。它概括为涵养与致知合一，也就是说“自然为宗”的为学方法主要表现为致知与涵养两个方面。陈白沙说：“夫养善端于静坐，而求义理于书册。”白沙心学认为，养善端于静坐的方法是涵养的方法，求义理于书册的方法是致知的方法。养善端于静坐的涵养方法是内在的，求义理于书册的致知方法是外在的。陈白沙在阐述心学的为学方法时指出：“为学当求诸心必得。所谓虚明静一者为之主，徐取古人紧要文字读之，庶能有所契合。”在这里，陈白沙所说的“求诸心”的方法是内在的涵养方法，而“徐取古人紧要文字读之”的方法是外在的致知的方法，两者是内外合一的方法。

白沙心学勿忘勿助的为学方法首先是“主静”的方法。白沙心学认为，心要自得于道，心要自得于理，必须使心静无欲。明中叶以来社会的主要问题是人心中的道德理性与人心中的情欲不能合一，人心杂乱浮躁，人们日趋功利。陈白沙结合自己多年的求学经历，他提出“主静”的方法，以消除人心的浮躁，实现心与理合一。“仆才不逮人，年二十七始发愤从吴聘君学。其于古圣贤垂训之书，盖无所不讲，然未知入处。……于是舍彼之繁，求吾之约，惟在静坐，有学于仆者，辄教之静坐。”陈白沙原先想通过读书的方法来消除人心中的欲望，使人心中的道德理性与人心中的情欲合一。但是，他发现仅仅靠读书的方法，不能消除人心中的欲望。于是陈白沙改用“静坐”方法来消除人心中的欲望。“静坐”方法对于消除人心中的欲望确实有效。“久也，然后见吾此心之体隐然呈露，常若有物。”静坐时间久了，人心中的道德理性显露了，人心中的情欲消失了，人心中的道德理性与人心中的情欲合一了。因此，白沙心学以主静作为修养的基本方法。陈白沙并以“主静”的修养方法教育学生。如陈白沙对他的学生贺克恭说：“为学须从静中坐养出个端倪来，方有商量处。”白沙心学认为，只有主静，才能涵养人心中的道德理性，使人心中的理与欲合一。

白沙心学“主静”方法的内容包括去蔽、洗心。白沙心学认为，人有各种感觉器官，人的感觉器官容易受到各种外在事物的蒙蔽。同时，各种外在事物的蒙蔽也会影响到人的思维器官心，使人的思维器官心不能安静，导致人心中的道德理性与人的外在的各种欲望不能和谐统一。陈白沙说：“耳之蔽声，目之蔽色；蔽口鼻以臭味，蔽四肢以安佚。”外物的声音蒙蔽人的耳朵，使人的耳朵不能分辨正声和邪声，从而人的耳朵为邪声所蒙蔽。外物的各种颜色蒙蔽人的眼睛，使人的眼睛不能分辨正色和淫色，从而人的眼睛为淫色所蒙蔽。外物的气味蒙蔽人的口腔和鼻子，使人的口腔和鼻子不能分辨正味和邪味，从而使人的口腔和鼻子为邪味所蒙蔽。外在的各种安佚的事情蒙蔽人的四肢，使人的四肢不能分辨正事和邪事，使人的四肢为邪事所蒙蔽。这样，人的各种外在的欲望就不断地干扰人的心灵，使人的心灵不得安宁。人的各种外在的欲望就不断地增长，人心中的天理就不断地减少，理与欲就不能和谐统一。白沙心学认为，只有通过主静，才能除去人的感觉器官所受的蒙蔽。只有通过主静，才能除去外在的欲望对人的心灵的干扰。只有通过主静，人的欲望才会天天减少，人心中的天理才会天天增加。“知其蔽而去之，人欲日消，天理日明。”这样，心与理就合一了。

在白沙心学中，主静也是洗心。洗心与去蔽是相联系的，但洗心与去蔽又有区别。去蔽主要是除去外物对心的蒙蔽，洗心主要是洗净人心中的各种私欲。陈白沙说：“一洗天地长，政教还先王。再洗日月光，长令照四方。洗之又日新，百世终堂堂。”通过洗去人心中的私欲、邪念，人就能遵守社会规范和秩序，天地就长久清宁，就能实现先王的王道政治。同时，也能消除人们的功利贪欲之心，使人们遵循自然规律，与自然界的日月合其光明而照临四方。“大流无此奇，偶值银河倾。愿回银河流，免与世浊并。一洗日月光，再洗天地清。何止天地清，万世无甲兵。”陈白沙借天上银河的河水来洗净人心中的私心私欲，洗净人世间的一切污泥浊水，实现天地清宁，没有战争的太平世界。白沙心学“主静”的目的是使人们保持心灵的安静，立德树人，实现社会长治久安。

白沙心学的涵养方法也包含“主敬”的方法。“主敬”方法是白沙心学涵养方法的出发点。陈白沙早年曾尊崇朱熹“主敬”的涵养方法。“吾道有宗主，千秋朱紫阳。说敬不离口，示我入德方。”陈白沙早年以朱熹为宗主，以朱熹理学“主敬”的涵养方法作为自己涵养的基本方法。朱熹“主敬”方法包括了人外表的整齐严肃，内心的专一收敛。“然敬有甚物？只如‘畏’字相似。……只收敛身心，整齐纯一，不恁地放纵，便是敬。”朱熹认为，“敬”是敬畏，心存敬畏之心，敬畏天理，敬畏圣人，敬畏百姓。它包括形体与心灵两方面。人的外在的形体要整齐严肃，人的内在的心灵要纯静专一。同时，朱熹认为“主敬”与“主静”是相通的。“敬只是常惺惺法，所谓静中有个觉处。”敬是人内心处于一种警觉、警省的状态，它是静中的警觉、警省，不是离开静的警觉、警省。陈白沙早年对于朱熹的“主敬”是认同的，并以“主敬”作为修养的基本方法。可是，自朱熹理学成为占统治地位的国家意识形态后，朱熹理学提倡的“主敬”、敬畏变成了人们对朱熹理学的迷信、盲从，它使朱熹理学成了人们必须遵守的教条。“原夫明初诸儒，皆朱子门人之支流余裔，师承有自，矩矱秩然。曹端，胡居仁笃践履，谨绳墨，守儒先之正传，无敢改错。”人们对朱熹理学的尊崇到了迷信的地步，将朱熹“主敬”所包含的外表严肃整齐与内心纯静专一割裂了，外表严肃整齐有余而内心纯静专一不足，从而造成了心与理的分裂。白沙心学针对此种弊端，对朱熹的“主敬”方法进行了创造性的改造，突出内心的纯静专一，从“主敬”走向了“主静”，把“主静”作为基本的涵养方法，但并没有否定“主敬”涵养方法的作用，并认为“主敬”仍然是心性涵养的方法之一，并以之教授湛甘泉。陈白沙对湛甘泉说：“圣人之学，惟求尽性。性即理也，尽性至命。理由化迁，化以理定。化不可言，守之在敬。有一其中，养吾德性。”陈白沙说，心学的目的是扩充人的本性，使人性与天命合一。人的本性是变化的，“主敬”是存养人性的基本方法。这样，白沙心学又把“主敬”与“主静”合一了。湛甘泉对白沙心学“主静”与“主敬”合一的涵养方法有深刻的理解。湛甘泉说：“夫先生（陈白沙）主静而此篇（指《和杨龟山〈此日不再得〉韵》）言敬者，盖先生之学，原于敬而得力于静。随动静施功，此主静之全功，无非心之敬处。”湛甘泉认为白沙心学的涵养方法是敬静合一，“主静”之中就包含了“主敬”。

陈白沙不仅提倡“主静”的方法，而且也提倡“主动”的方法，白沙心学的涵养方法是“主静”与“主动”合一的方法。白沙心学的“主动”方法是建立在主动的宇宙论基础之上的。陈白沙认为，宇宙是由气构成的，由气构成的天地万物处于运动变化之中。“天地间一气而已，屈伸相感，其变无穷。”人也是由气构成的自然生命体，人是自然界的有机组成部分，人与宇宙万物构成统一的宇宙整体。“人与天地同体，四时以行，百物以生。”人与天地四时同行，与天地万物同生。人的一生处于不停的运动变化之中，经历了从少年到壮年到老年的不同阶段。“人自少而壮，自壮而老。”随着人的形体的运动变化，人的思想也处于变化发展之中。“其欢悲、得丧、出处、语默之变，亦若是而已，孰能久而不变哉？”在人的形体、思想的变化发展中，人常常与外界事物相接触，常常受到外界各种物欲的诱惑和蒙蔽，因而陈白沙提出了去蔽、洗心的主静涵养方法，以彰显人心中的道德本性。同时，在人的成长过程中，随着人的形体、人的思想的发展变化，人应该学习、接受外在的知识，包括前人的经验和书本知识，以克服人心中的私欲，“体认物理，稽诸圣训”。白沙心学主张即物穷理，主要是读书穷理。“夫人所以学者，欲闻道也。苟欲闻道也，求之书籍而道存焉，则求之书籍可也；求之书籍而弗得，反而求之吾心而道存焉，则求之吾心可也。”“求之吾心”的方法是主静的涵养方法，“求之书籍”的方法是主动的致知方法。在白沙心学中，“求诸心”与“徐取古人文字读之”的方法是合一的，主静与主动是合一的。“予书每于动上求静，放而不放，留而不留，此吾所以妙乎动也。得志弗惊，厄而不忧，此吾所以保乎静也。”动上求静，动中有静，静中有动，动静合一是白沙心学涵养方法的特色。

湛甘泉继承发展了白沙心学“自然为宗”的修养方法。甘泉心学认为“自然”作为修养方法，主要表现为勿忘勿助的内外合一的方法。“以自然之工夫，乃可会自然之道路，更容丝毫人力不得，即孟子勿忘勿助之间。”自然的工夫就是自然而然的工夫，它与人的有意安排的忘、助工夫是相对的。在湛甘泉看来，忘与助都是人的有意安排，都不是自然的。只有勿忘勿助是不着安排、不涉人私意的工夫，它才是自然的。“勿忘勿助，元只说一个敬字。先儒未曾发出，所以不坠于忘则坠于助，皆非心之本体也。”湛甘泉认为，人们在进行涵养时，或有意遗忘，或有意辅助，这不是心的本然状态，都不是自然的工夫。只有勿忘勿助的方法，才是心学的根本涵养方法，因为它不执着人的主观作为。同时，湛甘泉认为，人们要准确地把握勿忘勿助的功夫，熟练地实践勿忘勿助功夫，是有一定困难的。“勿忘勿助工夫，说得易事，下手到自然之处，甚难。”因此，湛甘泉要求人们反复实践自然工夫，以便熟练地运用自然的工夫。湛甘泉“自然为宗”的为学方法的核心思想是勿忘勿助，“自然为宗”的为学方法要求主体在涵养时不着安排、不受束缚。突出主体的心灵自由、思想解放。

湛甘泉心学“随处体认天理”的为学方法，继承和发展了白沙心学“求诸心”与“徐取古人紧要文字读之”的内外合一方法，“随处体认天理”的方法是内外合一的方法。“吾之所谓随处云者，随心、随意、随身、随家、随国、随天下，盖随其所寂、所感时耳。”所谓“随处”就是随内、随外。随内就是随心、随意，随外就是随身、随家、随国、随天下。“随处体认天理”主张既在心、意之中体认天理，也在身、家、国、天下之中体认天理。在心、意之中体认天理的方法是涵养的方法，在身、家、国、天下之中体认天理的方法是致知的方法，“随处体认天理”的方法包含了涵养与致知两种方法，涵养与致知两种方法是合一的。“涵养须用敬，进学在致知，如车两轮。”涵养的方法是内心修养的方法，主要是“主敬”的方法。进学的方法是外在致知的方法，致知的方法主要是格物穷理的方法。

湛甘泉继承发展了白沙心学“为学当求之心”的涵养方法，提出了“体认于心”的涵养方法。湛甘泉说：“吾所谓天理者，体认于心，即心学也。”湛甘泉认为，“体认于心”的涵养方法，主要包括“主静”和“主敬”的方法。“主静”是白沙心学基本的涵养方法。陈白沙说：“养善端于静坐，而求义理于书册。”“养善端于静坐”是涵养的方法，“求义理于书册”是致知的方法。湛甘泉继承发展了白沙心学的“主静”涵养方法，并在“主静”的涵养方法上形成了系统的“主敬”方法。湛甘泉认为，“随处体认天理”的方法就包括了静坐的方法。“所谓随处体认天理者，随未发已发，随动随静，盖动静皆吾心之本体，体用一源故也。”动、静是人心的本性，涵养人的本性的方法动与静是合一的。因此，湛甘泉强调涵养方法就从静坐开始。湛甘泉在《大科书堂训》中就要求学生静坐。湛甘泉在安排学生每天的作息时间表时，要求学生“每日鸡鸣而起，以寅、卯、辰三时诵书，以巳午时看书，以未时作文，申酉二时默坐思索，戌亥二时温书”。默坐即静坐。湛甘泉要求学生，每天天还没亮的时候就起床，寅时、卯时、辰时六个小时读书，巳时、午时四个小时看书，未时两个小时写文章，申时、酉时四个小时静坐思考，戌时、亥时四个小时温习功课。在一整天的学习时间安排中，湛甘泉安排了四个小时的静坐时间，可以看出他对“主静”方法的重视。可是，湛甘泉认为“主静”方法，仅仅是对于初学者来说的。“静坐之久，隐然见吾心之体者，盖为初学者言之。”实际上，“主静”的方法就包含在“随处体认天理”的方法之中。“即随处体认之功，连静坐亦在内。”

与白沙心学把“主静”作为基本的涵养方法相反，湛甘泉基本的涵养方法是“主敬”。湛甘泉说：“吾人切要，只于执事敬用功，自独处以至于读书酬应，无非此意，一以贯之，内外上下，无非此理，更有何事？”湛甘泉认为，执事敬（即“主敬”）是最重要、最基本的涵养方法。从个人独处到个人处事应酬，都必须遵守“主敬”的方法。“执事敬，最是切要，彻上彻下，一了百了。致知涵养，此其地也。”彻上彻下，表明主敬贯穿于甘泉心学的整个涵养方法。湛甘泉在其著名的《心性图》中就有始敬、终敬、未发是敬、已发是敬的解释，它也表明“主敬”在甘泉心学涵养方法中的重要地位。什么是主敬？主敬包含了哪些内容？湛甘泉认为，主敬就是“主一”。湛甘泉说：“所云主一，是主一个中，与主一是主天理之说相类。”什么是“主一”？湛甘泉认为，“主一”就是心中无一物，也就是心中没有私欲。这与周敦颐“无欲之谓静”相似。湛甘泉通过“主一”，通过心中无一物的“主敬”方法克服人心中的私欲，以显露人心中本有的天理。湛甘泉认为，“主敬”不是主中、主天理。如果“主敬”是主中、主天理，则人心中又多了个中与天理。“若主中，主天理，则又多了中与天理，即是二也。”在湛甘泉看来，心之中正即天理，天理是人心中的中正之体，“主敬”就是克服心中的私欲以存养心中本来就有的天理。“主一”就是心中无一物，就是勿忘勿助。因此，湛甘泉认为，“主敬”也是勿忘勿助。“勿忘勿助，只是说一个敬字。忘、助皆非心之本体，此是心学最精密处，不容一毫人力，故先师（白沙先生）又发出‘自然’之说，至矣。”湛甘泉认为，遗忘或辅助都不是心的本然状态，都不是“主敬”的方法，只有既不忘记什么，也不辅助什么，才符合心的本然状态，这就是“主敬”。“主敬”也符合陈白沙先生的“自然”之说。总之，湛甘泉的“主敬”说，突出“主敬”的“主一”含义，强调人心中无一物、无私欲，保存人心中本有天理的自然形态，与“主静”即无欲的思想是一致的。湛甘泉虽然把“主敬”作为涵养的基本方法，但同时也继承了陈白沙的“主静”方法。湛甘泉“随处体认天理”的为学方法是“主敬”与“主静”合一的方法。

湛甘泉“随处体认天理”的方法中，不仅包含了“主敬”与“主静”合一的涵养方法，也包括了读书穷理的格物致知方法。“涵养须用敬，进学则在致知。”甘泉心学格物致知的方法主要体现在人们读书、亲师友、酬应等外在的日常活动中。湛甘泉认为，格物致知的方法就是体认道、体认天理的方法。湛甘泉指出，人们既要在心中体认天理，也要在家、国、天下中体认天理。湛甘泉说：“格物者，即造道也。知行并进，学问思辨行，皆所以造道也。读书，亲师友、酬应，随时随处，皆求体认天理而涵养之，无非造道之功。”湛甘泉十分重视人们在读书、亲师友、酬应中体认天理，把读书穷理作为体认天理的重要途径和方法。湛甘泉在《大科训规》中对学生读什么书、读书的顺序、读书的方法、读书的目的都有明确的规定。对于读什么书，湛甘泉说：“诸生读书，务令精熟本经、四书，又须随力旁通他经、性理、史记及五伦书，以开发知见。”对于读书的顺序，湛甘泉说：“学习需先看论语、次大学、次中庸，次孟子，乃书之序也。”对于读书的方法，湛甘泉说：“诸生读书须先虚心，如在上古未有传注之前，不可先泥成说以为心蔽。”在读书中应贯彻“主敬”的方法，涵养本心。“诸生读书时须调炼此心，正其心，平其气，……若以读书主敬为两事，彼此相妨，别求置书册而静坐以为学，便是支离，终难凑泊。”对于读书的目的，湛甘泉说：“此知见非由外来也，见书但能警发之耳。”湛甘泉认为人心中本来就具有天理，具有德性之知。人们读书能够警发心中的天理，使心中的天理不受物欲的蒙蔽而彰显出来。湛甘泉认为，读书学习就是觉悟心中的天理。“学也者，觉也。人之良知蔽于气习，故生而蒙，学问思辨所以发其蒙而觉之也，觉则复其良知本体矣。”湛甘泉关于读书的内容、读书的方法、读书的顺序、读书的目的的论述，强调了读书学习是格物致知的重要途径和方法，特别是关于读书的目的在于觉悟心中天理的思想，更是突出了读书学习兼有致知与涵养的双重意义，它体现甘泉心学的修养方法的特点，从一个侧面体现了从陈白沙到湛甘泉“自然为宗”修养论的内外双修、内外合一的特色。

第五章
以德治国　民为邦本

湛甘泉是岭南著名的政治家，他为官三十五年，历任礼部尚书、吏部尚书、兵部尚书之职，人称“三部尚书”。在长期的政治生涯中，在继承白沙心学政治理念的基础上，湛甘泉结合自己的政治实践经验，提出了治国理政的措施和方法，形成了较为系统的政治思想体系。湛甘泉的政治思想是白沙心学政治思想的继承和发展。湛甘泉继承了白沙心学“以诚治天下”的以德治国的思想，提出了以王道治国的治国理念。湛甘泉继承了白沙心学“德本法辅”的德法合治的治国理政方法，提出了德刑并用的礼法合治的治国理政方法。湛甘泉继承了白沙心学“州亡州复在民”的“无负于斯世斯民”的民本思想，提出了“民为邦本，君民相须”的民本思想。湛甘泉继承了白沙心学以百姓忧乐为忧乐，重视民生、关心百姓疾苦的民生理念，提出了得民心则得天下，失民心则失天下，重视民生、关心人民疾苦并力求解决人民疾苦的民生理念。湛甘泉提出的德刑并用的礼法合治的治国理政方法，提出的“民为邦本，君民相须”的民本思想以及重视民生、关心人民疾苦的民生理念，都是当代中国的治国理政思想的重要思想文化资源，对当代中国的治理体系的改进和完善，有着积极的意义和价值。

一、礼法合治

以德治国和以法（刑罚）治国是中国传统农业社会两种不同的治国理政

的理念和方法。先秦儒家学派的创始人孔子提出了“以德治国”的理念和方法。“为政以德，譬如北辰，居其所而众星共之。”孔子认为，道德是治国理政的重要工具和方法，用道德来治理国家，就像众星捧月一样，会得到老百姓的支持。孔子突出了道德在治理国家中的重要作用。先秦法家学派的集大成者韩非提出了法、术、势相结合的以法治国的理念和方法。“法”就是法律。“法者，编著之图籍，设立于官府，而布之于百姓者也。”“术”是君主驾驭臣民的权术。“术者，藏之于胸中，以偶众端和潜御臣者也。”“势”就是地位，即权力。“势者，胜众之资也。”韩非认为，只有将法、术、势很好地统一起来，才能把国家和人民治理好。春秋战国时期，由于中国正处于统一国家的形成时期，韩非的以法治国的理论和方法被秦国所利用，建立了统一的中央集权制的秦王朝。儒家孔子提出的以德治国的理念和方法受到冷落。“以法治国”的理念和方法使秦王朝取得了天下，也使秦王朝失去了天下。在“以法治国”理念和方法的指导下，秦王朝经过二世就灭亡了。汉代吸取了秦王朝“以法治国”的经验和教训，到汉武帝时提出了“罢黜百家，独尊儒术”的治国理念和方法。儒家的以德治国的理念和方法成了汉王朝的基本治国理念和方法，并为其后的中国各个王朝所继承和发展。当然，“以德治国”的理念和方法，成了汉代以后中国各朝代占统治地位的理念和方法，但也没有完全否定法家提出的以法治国的方法在治理国家中的作用，以法治国的思想被融入到以德治国的理念和方法中，形成了“德本法辅”的德法合治的治国理政的模式和方法。

陈白沙作为岭南心学的开创者，在治国的理念和方法上，他继承和发展了儒家“以德治国”的理念和方法，提出了“以诚治天下”的治国理政思想。“夫天地之大，万物之富，何以为之也？一诚所为也。……天地之大，此诚且可为，而君子存之，则何万世之不足开哉！”在白沙心学思想体系中，诚信、诚实是天地万物的本体，也是治理国家、实现天下太平的根本原则和方法。陈白沙认为，天下任何事情，包括国家政治都是建立在诚信、诚实基础上的；没有诚信、诚实，任何事情不会取得成功；没有诚信、诚实，国家政治就难以确立。“老拙以为天下之事，成之惟在威信。威信一立，无事不可为。苟无威信，则无其本，难乎其立政矣。”“立政”即确立国家政治，诚信是确立国家政治的根本。同时，白沙心学认为，诚信不是外在的东西，诚信就存在于人们的心中。统治者心中有诚信，就能使国家长治久安。统治者心中没有诚信，就会使国家政权动荡不安，危及国家安全。“夫此心存则一，一则诚；不存则惑，惑则伪。所以开万世、丧邦家者不在多，诚伪之间而足耳。”没有诚信，不讲诚信，靠虚假、靠欺骗来做事，事情不能成功；没有诚信，不讲诚信，靠虚假、靠欺骗来治理国家，国家不可能治理好。在白沙心学思想体系中，诚信就是人心中的仁义之心，就是人的道德之心。陈白沙认为，仁义之心、道德之心是国家政治安危、家庭兴衰的根本。“仁，人心也，充是心也，足以保四海；不能充之，不足以保妻子。”陈白沙把仁义之心、诚信之心提高到国家兴亡，家庭兴衰的高度，突出了道德在治理国家、整齐家庭中的重要作用和意义，形成了独特的以德治国的治国理政的思想和方法。

白沙心学突出诚信在治理国家中的重要意义和作用，形成了以德治国的思想和方法。但白沙心学也不否定法（刑罚）在治理国家中的作用。白沙心学认为，在治国理政的理念和方法上，道德是根本，刑法是枝叶，道德是主要的，刑法是次要的。白沙心学治国理政的基本模式是德本法辅，道德起根本性的决定作用，刑法只起辅助性的非决定作用。陈白沙曾经给他的好朋友，当时的新会县县丞陶鲁谈治国理政的措施和方法。陈白沙说：“始者吾谓陶公（新会县县丞陶鲁）曰：‘孔子曰：言忠信，行笃敬，虽蛮貊之邦，行矣。’以此而尽吾心，则庶政无不修，用人无不当，理财无不富，治兵无不强；不知乎此，而欲徒恃其末，盖后世以法劫制天下，区区之为也。”陈白沙指出，如果按照孔子提出的以德治国的思想来治理国家，人人都讲诚信，讲信用，那不论到什么地方都会畅通无阻，无往不胜。陈白沙认为，把讲诚信、讲信用用到国家政治上，则国家政治清明；把讲诚信、讲信用用到选拔人才、使用人才上，则会使人各得其所；把讲诚信、讲信用用到管理国家财务上，则国家财富充足；把讲诚信、讲信用用到治理军队上，则军队无比强大。相反，如果不讲诚信，不讲信用，不以诚信来治理国家，而仅仅是以刑罚治国理政，以法为标准来选拔和使用人才，以法为准则来管理财务，以法为准则来治理军队，则或许只能有一点小小的作为，只能取得一点小小的成绩。白沙心学虽然没有完全否定法在理政、用人、理财、治军中的作用，但白沙心学认为法在理政、用人、理财、治军中只起辅助性的作用。诚信、信用在理政、用人、理财、治军中起着根本性的、决定性的作用，从而形成了白沙心学的“诚本法辅”的德治理念和方法。白沙心学的“诚本法辅”的德治理念和方法，对当代中国的以法治国、德法兼用的治国理念和方法有一定的借鉴作用。

在“诚本法辅”的德治理念的基础上，白沙心学又提出了“德本礼辅”的德礼合治的治国理政的理念和方法。在白沙心学中，“德”是道德，“礼”主要是指制度。“德本礼辅”是指在治国理政的措施和方法上，道德是根本，制度是末节。道德是制度的思想基础、精神支柱，制度是道德的切实保障。陈白沙通过孟子会见齐王的故事，来阐述道德与制度的关系。齐王有一颗仁慈的心，齐王不忍心看见杀一头牛用来祭祀。如果齐王看到宰杀活牛，就伤害了齐王的仁慈之心；如果不宰杀活牛用来祭祀，就相当于废除了祭祀之礼。因此，齐王的仁慈之心与宰杀活牛用来祭祀的礼就产生了矛盾，齐王无法解决这对矛盾。于是，孟子向齐王提出了解决这对矛盾的方法。孟子认为，齐王的仁慈之心不能伤害，宰杀活牛用于祭祀的礼制不能废除。解决矛盾的方法就是让齐王离开庖厨宰杀现场，不看到庖厨宰杀活牛。这样，齐王的仁慈之心没有受到伤害，宰杀活牛用来祭祀的礼也得以保存了。“孟氏学圣人也。齐王不忍见一牛之死，不有孟氏不知其巧矣。盖齐王之心，即圣人之心，圣人知是心不可害，故设礼以预养之，以为见其生而遂见其死，闻其声而遂食其肉，则害是心莫甚焉，故远庖厨也。夫庖厨之礼至重，不可废；此心之仁至大，不可戕。君子因是心，制是礼，则二者两全矣，巧莫过焉。”孟子解决矛盾的办法是根据仁慈之心来制定宰牛之礼，把礼仪制度建立在仁德之心上。在德与礼的关系上，德是本，礼是末，德决定礼，礼受制于德。

白沙心学“以德治国”的治国理政的理念和方法，也体现在德与智、德与才的关系上。在德与智、道德与知识的关系上，白沙心学认为德是第一位的，智是第二位的。陈白沙通过程颢做县令的故事，突出道德在治国理政中起根本性的决定作用，知识、智慧只能起辅助性的作用。陈白沙说，程颢曾经做过县令。程颢在做县令时，他注重强调诚信在治理一县事务中的作用，弱化智慧、知识的作用，提倡以诚治县。结果，程颢把一个县治理得很好。陈白沙把程颢治县的经验告诉顺德县令，要求顺德县令以程颢为榜样，以诚信治理顺德。“顺德小邑，治之不难，而有难者，其诚乎！诚则不言而民信，无为而化成。观乎明道先生（程颢）治县，则可知用智之不足贵矣。”陈白沙对顺德县令说，治理顺德这样的小县并不困难。困难的地方在于，你能否用诚信来治理它。如果你能够用诚信来治理它就没有困难了。你用诚信来治理它，即使你不说话，人民也会相信你，即使你无所作为，你也会把它治理得很好。程颢在做县令时就是以诚治县，不太重视智慧、知识在治理县邑中的作用。你应该像程颢一样，以诚治县。

白沙心学认为，道德与才能在治国理政中的作用也是这样的。在治国理政中，为政者的道德起第一位的、决定性的作用，为政者的才能只起第二位的作用。陈白沙说：“夫天下非诚不动，非才不治。诚之至者，其动也速；才之周者，其治也广。才与诚合，然后事可成也。”白沙心学认为，为政者不讲诚信，不讲信用，他就不能感动天下百姓。为政者没有才干、没有能力，他就不能把天下治理好、管理好。为政者只有具有最大的诚信，他才能感动百姓。为政者只有具备全面的治国理政能力，他才能把国家治理好。为政者如果能把能力与诚信很好地结合起来，他做任何事情都能取得成功。在这里，白沙心学把德放在第一位，把才放在第二位，强调只有以道德统帅能力，才能把事情做好，把国家治理好。如果一个人有能力，没有道德，那只是失去灵魂的能力、才能，即使他能做出一定的事业，那也会短命而亡。在治国理政的措施和方法上，白沙心学主张道德与知识并用，道德与能力并用。

白沙心学“以德治国”的政治理念，从一个侧面来说就是贤人治国，就是精英治国。在白沙心学以德治国的理念中，始终贯穿着贤人治国的思想。在中国传统文化中，贤人是指品德高尚的人。白沙心学认为，贤吏能治国理政，因为他们能从实际出发，能顺从天下百姓之心，能为国家带来长治久安。俗吏（即平庸的官吏）不能治国理政，因为俗吏不从实践出发，因循守旧、照本宣科，注重短期效益。“伏惟大贤为政，务实而行，庶几能顺复人情，为国家树立长治久安之根本。非如俗吏，其所用心者，惟簿书期会，取办于目前而已也。”同时，白沙心学认为，贤吏是在实践中成长起来的，人的能力也是从实践中产生并接受实践检验的。“夫人之才，大小必用之而后见。不遇盘根错节，无以别利器。”白沙心学提倡以德治国的治国理政的理念和方法，全面系统地论述了德与法、德与礼、德与智、德与才的关系，推崇贤人政治，这些思想对于我国当代的治国理政，正确处理德治与法治的关系仍然有积极的参考价值，是我国当代治国理政的宝贵思想文化资源。

湛甘泉作为白沙心学的衣钵传人，他在政治思想上继承和发展了陈白沙提出的“以诚治天下”的治国理政的理念和方法。但是，湛甘泉与陈白沙不同，湛甘泉为官三十五年，担任过吏部、礼部、兵部三个部门的尚书，有较丰富的从政实践经验。他在为政实践中，实施“以德治国”的治国理政的理念和方法，形成了比较切实的治国理政的具体措施和方案。湛甘泉在长期的政治实践中体会到，“以德治国”就是以“王道”治理国家，实行王道政治。“王道”是相对“霸道”而言，在中国历史上长期存在王道与霸道之争。王道治国就是以道德治理国家，霸道治国就是以武力统治国家。湛甘泉主张以王道治理国家，反对以霸道统治国家。明中叶以来，土地兼并现象严重，国家土地主要集中在少数统治阶级手中，统治阶级以皇族庄田的形式霸占农民的土地，大批农民丧失土地而成为流民，直接导致了国家的政治、经济危机。为了缓和危机，湛甘泉主张实行王道政治，并把王道政治建立在“分田”制的基础上，主张分田，让广大失去田地的农民重新拥有一定的田地。湛甘泉说：“分田其王政之本乎？有田则食足，食足则善心生，善心生则伦理明，伦理明则风俗厚，风俗厚则礼乐兴，礼乐兴则和气致，和气致则天地泰，万物若。”湛甘泉认为，分田是王道政治的根本。分田是把一定的土地分给丧失土地的农民，使农民能够获得一定的土地以从事生产，人们就有饭吃。人们有了饭吃，就有向善之心，人们有了向善之心，就会明白并遵守各种社会伦理规范，人们明白并遵守各种社会伦理规范，社会风俗习惯就会淳厚，社会风俗习惯淳厚，社会各种礼仪娱乐活动就会兴起，社会各种礼仪娱乐活动兴起，整个社会就充满和谐的气氛，整个社会充满和谐的气氛，天地就相通，万物就畅顺。湛甘泉以分田为基础的王道政治，目的就是使百姓有饭吃、有衣穿，社会和谐，国家安定。当然，湛甘泉的分田主张不是剥夺以地主阶级为首的统治阶级的土地财富，消灭土地私有制。湛甘泉的分田制实质上就是中国传统的“井田制”。“井田制”最先是儒家学派的代表人物孟子提出来的，它是孟子仁政思想的重要内容。孟子提倡“井田制”的目的是让农民拥有一定的私有土地，以维护社会的稳定和发展。湛甘泉以分田制的形式恢复“井田制”，目的也是在明中叶土地兼并严重的情况下，让失去土地的农民获得一定的土地，以缓和社会矛盾，维持国家的长治久安。湛甘泉说：“井田不复，王道之疚也。惟其疚以图其善，因其时以救其弊，修其法不诡于俗，齐其政不易其宜，此常平预备之设，其王道之遗意乎？”湛甘泉认为，不实行井田制，不让农民拥有一定数量的土地，这是王道政治的缺陷。应该克服王道政治的缺陷而使其不断完善。特别是要根据时代的变化，挽救王道政治的弊端，完善井田制之法使其适应社会风俗习惯，整顿政治且不改变井田制适宜的部分，这些都是王道政治所包括的内容。湛甘泉以分田制的形式替代和补充中国传统的“井田制”，体现了以德治国的王道政治的新内容、新特点。

湛甘泉认为，君德、官德也是王道政治的重要内容，因为君德、官德，特别最高统治者的品德是王道政治成败的重要因素。在中国传统社会中，皇帝是最高统治者，也是国家政治的最高决策者和执行者，皇帝个人品德好坏直接关系到国家政治是否清廉。湛甘泉认为，要实行王道政治，皇帝本人应该具有良好的道德品质。湛甘泉40岁开始为官，对于明代从开国到当时各个皇帝的个人品德非常了解。从明宪宗朱见深开始，皇帝的个人品德每况愈下。特别是明武宗朱厚照，个人品质腐败，生活腐朽荒淫，不理朝政，造成了明朝严重的社会政治危机。明世宗朱厚熜（嘉靖皇帝）即位之初还有所作为，有所奋发。可惜好景不长，不久他就迷恋于长生不死之术而不理朝政。面对嘉靖皇帝不加强道德修养、不重视个人品德的现实，湛甘泉多次上疏，要求嘉靖皇帝要加强自身的道德修养，要体认天理，要正直公正。湛甘泉说：“伏望皇上于深宫大庭，静居动应，随处存心体认天理。……所谓君正莫不正，帝王事业，尽在是矣。”湛甘泉认为，只有皇帝心存正直公正，国家官吏和人民才能做到正直公正。皇帝事业的成败，完全由皇帝的个人品德决定。湛甘泉直接上疏嘉靖皇帝，请他加强个人道德修养，心怀敬畏之心，敬畏天理，敬畏良心，提高个人的道德品质和道德境界。“盖天民一理，上下无间，其得失存亡之机系于人君一心之敬否。故敬者乃圣学之要，乃致治保邦之本也。为人君者不可不加之意哉。”天人一理，上下一理，人君应该与天下百姓一样，心存敬畏。敬畏天理。湛甘泉认为，敬畏天理是圣人之学的关键，是治理国家、保卫国家安全的根本。如果皇帝不心存敬畏之心，不敬畏天理，就会产生不善之心。皇帝的不善之心不仅会危害国家政治，也会危害百姓的生活。“夫心有或一些不善，则生于心而害于政。便殃及于下，四海的百姓至于困穷过活不得。寒的不得衣，饥的不得食，饥寒切身，礼义不顾，民心离天心去。”为了国家的安危，为了百姓的生活，湛甘泉进言，请嘉靖皇帝随处体认天理，以勤于政事、亲近贤人为当务之急，把国家治理好，使百姓安居乐业。“臣愿圣明以深居静思为本，以温习寻求为止，以敬亲事天为职务，以勤政亲贤为急务，随处操存体认天理。”湛甘泉把皇帝的个人品德纳入以德治国的王道政治中，并向皇帝上疏，要求皇帝随处体认天理，心怀敬畏之心，敬畏天理，敬畏百姓。这既体现了湛甘泉王道政治的理论特色，也体现了湛甘泉个人的勇气和胆识。

湛甘泉的王道政治还包含了德与刑、礼与刑的关系，他具体论述了德与刑、礼与刑在治理国家中的作用，提出了以德为主、德刑并用的治国理政的理念和方法。儒家学派创始人孔子提倡“德治”，“为政以德”。孔子反对刑罚，反对杀戮。“子为政，焉用杀？”法家代表人物韩非反对德治，主张杀戮，以杀戮敌人多少作为论功行赏的标准。湛甘泉根据时代的变化和明代的社会现实，提出了以德为主，德刑并用的治国理政方法。湛甘泉说：“刑与礼一，出礼则入刑。”刑即刑罚，是人们通常所说的“法治”。礼即礼义，是人们常称的“礼治”。法治与礼治是统一的，是治理社会的两种手段、两种方法。在这两种手段和方法中，湛甘泉主张先用礼治，以礼义作为治理国家的手段和方法。如果礼治和礼义都失效，就采取法治，用刑罚进行处罚。在湛甘泉看来，刑罚是在不得已的情况下采取的治理手段。湛甘泉认为刑罚只起一种警示作用，通过对违法的人采用刑罚的手段，以警示人们不要违法，否则也会受到刑罚的惩处。“刑也者形也。刑不孝所以形天下之为孝者，刑不悌所以形天下之为悌者。”具体来说，对不孝敬父母的人进行惩处，是为了警示天下的人要好好孝敬父母。对不敬爱、顺从兄长的人进行惩处，是为了警示天下的人要好好敬爱、顺从兄长。如果刑罚失去了警示作用，就会导致人民争斗，社会动乱。这时不能再采取“法治”，必须回到“礼治”，用礼义进行治理。“刑之不形，教民之争。民争不息，乱之罔极，非克天德者其孰能知之。”湛甘泉认为礼治与法治应并用，并认为法治不是一味地提倡杀戮，而是起一种警示、教育的作用，实际上赋予了“法治”思想的新内容，体现了湛甘泉以德治国的王道思想的理论特色。

二、君民相须

君民相须是指君主与百姓相互依存，君主要关心、爱护百姓；百姓要爱护君主，热爱国家。白沙心学与甘泉心学“以德治国”的思想，是建立在爱国、爱民的基础之上的。白沙心学与甘泉心学认为，只有热爱祖国的百姓，才会想方设法把自己的祖国治理好；只有热爱人民的君主，才能重视人民、关注民生。白沙心学“以诚治天下”的德治思想，是建立在其爱祖国、爱人民的思想情感之上的。陈白沙以“士不居官终爱国”作为自己的座右铭。“士不居官终爱国，孙当从祖是名田。”“士不居官终爱国”是陈白沙喜得孙子陈田时，写给孙子的一首爱国诗并为孙子取名陈田，表示他对孙子寄予了无限的希望。他不希望陈田做大官、发大财，只是希望陈田像自己一样热爱自己的祖国，热爱自己的人民。陈白沙一生没有做过大官，明宪宗朱见深授予他“翰林院检讨”，也只是一个荣誉职位。但陈白沙却非常热爱自己的祖国。“天下功名无我关，只缘我自爱江山。若对江山元没兴，纸钱灰冷未知闲。”陈白沙自小就深受爱国主义思想的教育，幼小的心灵里早早就种下了爱国主义的种子。特别是南宋王朝灭亡于陈白沙家乡新会厓门，使陈白沙的爱国主义思想上升到了新的高度。“少读宋亡厓山诸臣死节事，辄掩卷流涕。一日读《孟子》：‘有天民者，达可行于天下而后行之者也。’慨然叹曰：‘嗟夫，大丈夫行己当如是也。’”新会厓门是南宋王朝最后灭亡的地方，无数的仁人志士为保卫南宋王朝而壮烈牺牲在厓门。陈白沙对于南宋王朝的灭亡十分痛心，对于为保卫南宋王朝而献身的民族英雄们无比崇敬，特别是对文天祥、张世杰、陆秀夫更是钦佩不已。陈白沙作诗撰文歌颂他们，建祠立碑怀念他们，以表达自己心中的爱国主义情怀。“宋有中流柱，三人吾所钦。青山遗此庙，终古厌人心。”文天祥、张世杰、陆秀夫是南宋王朝的中流砥柱，他们为国捐躯，陈白沙从内心敬仰、尊敬他们。陈白沙在厓门倡建大忠祠纪念他们，满足了人民从内心怀念他们、纪念他们的愿望。同时，大忠祠也凝聚了陈白沙的爱国主义思想。陈白沙热爱人民，他常常以“无负于斯世斯民”的责任意识、担当精神勉励自己。“仆生于海滨，今五十有四年矣，未始闻天下有如是之事：悠然得趣于山水之中，超然用意于簿书之外，旁求儒师，俾式多士，将以培植化原，辅相皇极，以无负于斯世斯民也。”陈白沙自述自己虽然隐居在山水之中，超脱于官场之外，但他却广泛地学习儒学经典，以百官为榜样，修养心性，辅助君主，以无负于所处的时代，无负于热爱的人民自勉。

陈白沙以“无负于斯世斯民”的责任意识、担当精神为基础，形成了“州亡州复在民”的民本思想。民本思想是中华优秀传统文化的重要内容，是中国历代有作为的政治家奉行和实践的重要思想。自先秦孟子提出“民为贵，社稷次之，君为轻”的民本思想后，民本思想在中国历史上的不同时期、不同政治家手中，都有了不同程度的继承和发展。如战国末年的荀子继承和发展了孟子的民本思想，提出了“舟水之喻”。荀子把国君比喻成船，把百姓比喻成水。荀子说：“君者，舟也，庶民者，水也。水则载舟，水则覆舟。”国君是一条船，人民是载船的水。水可以载船行走，水也可以使船沉没，意思是君主关心人民，人民就拥戴他，君主不关心人民，甚至杀戮人民，人民就可以推翻他。民本思想的核心价值是重视人民在国家中的地位和作用，关注民生，关心人民的疾苦。

陈白沙继承和发展了中国传统的民本思想，特别是荀子的“水则载舟，水则覆舟”的民本思想，对他产生了直接而深刻的影响。陈白沙在荀子的民本思想基础上，提出了“州亡州复在民”的民本思想。陈白沙说：“州亡州复在民，何关于公之一念？”陈白沙认为，一个地方的兴盛或衰败，在于这个地方的百姓，由这个地方的百姓决定。它不是由这个地方长官的个人意志所决定的。同样，一个国家的兴盛或衰败，也在于这个国家的百姓，由这个国家的百姓决定。它不是由这个国家的最高统治者的意志所决定。陈白沙“州亡州复在民”思想直接指出了百姓在国家中的地位和作用，它体现了白沙心学的重民思想。

在陈白沙看来，既然百姓在国家的治乱兴衰中具有重要的地位和作用，那么为政者就应该爱民，应该关注民生。陈白沙认为，为政者爱民首先表现为关注民生，关心百姓的疾苦。为政者的所作所为，必须以民生为出发点，也必须以民生为落脚点。陈白沙说：“公之厚于民而薄于躬也，一食之费必计，曰‘民其不聊生’。一役之兴必计，曰‘民其不堪命’。故人之遂其生养者，若赤子之慕慈母；人之免于涂炭者，若枯槁之遇春风。”陈白沙认为，为政者对自己必须严厉，对百姓必须宽厚。他们做任何一件事，必须把民生放在第一位。他们吃饭时，要计算这顿饭花多少钱，必须厉行节约，因为天下还有很多百姓没有饭吃，有很多百姓在挨饿。他们兴建某项工程时，要计算这项工程得花多少钱，不要铺张浪费，因为百姓没有这种承受能力。为政者要帮助百姓过上好日子、好生活，就像慈祥的母亲帮助自己的孩子过上好生活、好日子一样。为政者要帮助百姓免除灾难，就像春风能使枯槁的树木发芽生长。对于危害百姓的事情，为政者坚决不能做。对于侵占百姓利益的贪官污吏，要坚决铲除。陈白沙认为，侵占百姓利益的贪官污吏比强盗更可怕。只有铲除了那些贪官污吏，百姓才能过上好日子，百姓才能安居乐业。“救民水火之中，惟恐其不早也。贪官污吏侵渔百姓甚于盗贼，此辈不除，虽有良法美意，孰与行之？窃谓徭法虽更，必痛惩一二贪黩，然后法行之可久也。”惩治腐败、惩治贪官污吏是白沙心学的民本思想的特色。

白沙心学的民本思想还体现在与民同乐、与民同忧的思想情感上。陈白沙认为，为政者要与民同乐、与民同忧。首先，为政者要以百姓之是非为是非。百姓所喜欢的事情，为政者应该喜欢。百姓反对的事情，为政者要坚决反对。“盖民之所好，好之；民之所恶，恶之。此得民之要道也。”为政者只有以百姓之是非为是非，才能得到百姓的拥护。百姓喜欢的事情是什么？陈白沙认为百姓喜欢的事情，就是一年四季风调雨顺，没有旱灾，没有水灾。百姓喜欢的事情，就是粮食大丰收，丰衣足食，没有饥饿。一旦遇到好年成，百姓就非常高兴。他们常常举行各种庆祝活动，以表达高兴的心情。为政者就应参加这种庆祝活动，与百姓共同享受丰收的快乐。陈白沙经常参加这些庆祝活动，与百姓分享快乐。陈白沙写了大量的诗文，描写他与百姓同乐的情景。陈白沙说："今年秋又熟，欢呼负禾往。商量大作社，连村集少长。但忧村酒少，不充侬量广。醉即拍手歌，东西卧林莽。"粮食大丰收，百姓高兴地收割庄稼。他们一边收割庄稼，一边商量"秋社"的庆祝活动。他们决定，全体男女老少都参加这种庆祝活动，共同享受丰收的快乐。庆祝活动规模非常大，参加人数也很多，他们担心村中的美酒都不够喝，不能尽兴。在庆祝活动中，百姓一边喝酒，一边唱歌。大家喝醉了，就东倒西歪地睡在树边，睡在草地边。百姓庆祝丰收的活动，每年都举行。在庆祝丰收的活动中，老百姓尽情地喝酒，尽情地表达心中的快乐。"社日年年会饮同，东原西埭鼓咚咚。无人不是桃花面，笑杀河阳树上红。"陈白沙生在乡村，长于民间，他与百姓感情深厚，在庆祝丰收的活动中，他与百姓一同喝酒，大家喝得满面红光，脸上的红光就像桃花树上的桃花一样，比河边其他树上的花还红，还要光彩夺目。

有乐就有忧，年成好，丰收了，百姓高兴快乐。年成不好，遇到天灾人祸，百姓流离失所，就有无穷的忧愁和悲伤。为政者既要与民同乐，也要与民同忧。陈白沙既与民同乐，也与民同忧。陈白沙深知百姓的忧愁与悲伤，他写了大量的反映百姓忧愁的诗文，为百姓呐喊，为百姓鸣不平，希望为政者为百姓排忧解难。由于自然灾害，百姓无法进行正常的生产，粮食颗粒无收，百姓遭受饥饿的威胁，被迫流离失所，背井离乡。"去年无雨谷不登，今年雨多种欲死。农夫十室九不炊，天道何为乃如此！"天灾连绵不断，上一年天旱粮食欠收，这年水灾百姓无法播种。百姓之中，十户人家就有九户人家断粮断炊，没有饭吃，饿死人的事情时有发生。"昨日苍头睦洲至，又道睦洲饥杀人。"睦洲是陈白沙家乡江门下属的一个乡村。由于天灾的影响，睦洲的老百姓没有饭吃而饿死。不仅天灾危害了百姓的生命财产，"人祸"也给百姓带来灾难。所谓"人祸"，就是统治者对百姓的压迫剥夺。"人祸"的突出表现，就是苛捐杂税繁多。沉重的苛捐杂税使百姓无法承受，致使他们背井离乡，走上逃亡之路。"自从西贼来充斥，一十九年罢供亿。科征不停差役多，岁岁江边民荷戈。旧债未填新债续，里中今有逃亡屋。安能为汝上诉天，五风十雨无凶年。”由于“人祸”的压迫剥削，百姓无法生活下去，他们走投无路。有些人起来造反，有些人被迫逃亡。百姓真苦呀！谁能理解百姓的苦，谁能为百姓鸣冤叫屈。面对百姓的苦，陈白沙一方面向上天祈祷，希望上天保佑百姓，使百姓免受灾难；一方面向当权者呐喊，希望当权者为百姓排忧解难，解决困难。“西邻多窃盗，村村夜支更。为语长官道，能无患盗情？家家愁日暮，处处望秋成。”百姓生活困苦，社会治安恶化，盗贼充斥，人人自危，百姓害怕天黑。百姓自动组织起来，维护社会治安，他们希望天下无贼。当权者应该了解民间疾苦，自己应该节衣缩食，为百姓解除困苦和忧愁。“箫管声停刺史衙，丰秾无复去年夸。禾焦百亩还输税，菊到重阳可泛茶。邻壤兵戈悲此役，隔村烟火问谁家。诸公果解忧民极，肯算腰金不镂花。”陈白沙奉劝当权者，官府衙门不要歌舞升平了，因为这年的收成不如上一年好。禾苗枯死了，当权者还要百姓纳税。当权者应该为百姓着想，为百姓服务，与百姓同苦，不要铺张浪费，不要腰间镂花，不要穿戴豪华。陈白沙期望百姓能吃上饱饭，脱离苦海。“饥鼯饱食粟，苦海变蓬瀛。”陈白沙与民同乐、与民同忧的忧乐观，构成了白沙心学民本思想的重要内容，它包含了真理性的思想，对当今社会民生建设仍有理论意义和现实价值。

湛甘泉继承和发展了陈白沙的民本思想，他提出了“民为邦本，君民相须”的民本思想。湛甘泉说：“天下民庶实为邦本。”“民庶”指广大民众，即百姓大众。“民庶实为邦本”是说天下百姓大众，是国家的根本、国家的基石。“民庶实为邦本”是中国传统的民本思想的继承和发展，它重视人民大众在国家的地位和作用。为什么“民庶实为邦本”呢？湛甘泉从社会实际出发，直接回答了这个问题。湛甘泉认为，百姓大众保护了君主，君主才能安全地居于统治地位。百姓大众保卫了国家的城池，国家的城池才没有落入敌人之手。百姓大众保卫了国家的领土，国家的领土才能够完整地存在而不被外敌侵占。“人君全倚靠那百姓去护卫他，才得安富尊荣。若非百姓，则城池谁与他守，社稷谁与他保。”因此，湛甘泉指出，为政者不能没有百姓，不能失去百姓。湛甘泉把国家比喻成一条大船，把百姓比喻成船上的宝物。君主应该好好保护百姓，不要失去百姓，就像君主要好好保护自己的宝物一样，不要丢失了宝物。君主如果失去了百姓，就像君主失去了宝物一样，他将一无所有，他就成了穷光蛋。“天下一大舟也。……本在人主之一心，犹夫舟之舵也。公卿贤士辅导之臣，运筹指方，犹夫舟之有长年三老也。百僚宣力，犹夫篙师、榜人为之左右也。内臣、外戚犹夫附舟之人也。天下民庶实为邦本，犹夫君之宝货在载也。”国家是一条大船，君主是掌舵人。各位大臣是君主的助手，好比是导航者。各级大小官员，好比划船的人。朝廷上的内臣、外戚只是坐船的乘客，百姓是大船上的金银财宝，是最贵重的。因此，君主不要害怕百姓，更不要欺压百姓。“民岂非可畏，夫君民相须如此，岂可忽略！”湛甘泉认为，百姓不可怕。君主不要害怕百姓，他必须依靠百姓，得到百姓的拥护。“君民相须”就是君主和百姓相互依赖，互为存在。没有百姓，就没有国家，当然也就没有君主了。“君民相须”，百姓帮君主保卫城池，守护领土，保护君主的地位。君主要爱护百姓，保护百姓的生命财产安全。湛甘泉把君主保护百姓称之为“牧民”。“牧民者如牧牛羊矣，牧牛羊者只令不失其刍，不扰其群而已矣。”湛甘泉认为，君主保护百姓的安全，就像放牧牛羊的人保护牛羊的安全一样。牧牛人、牧羊人的责任在保护牛、羊的安全，不丢失牛、羊，不扰乱牛群、羊群秩序和安全。君主的责任就是保护百姓安全，不能让百姓流离失所、无家可归。当然，湛甘泉把君主保护百姓的安全，比喻成放牧牛羊的人保护牛羊的安全，这样的比喻有点不太恰当。但突出君主的责任是保护百姓的安全，牧牛的人、牧羊的人的责任是保护牛羊的安全，其目的是一致的。如果君主没有保护好百姓，扰乱百姓的生活，导致百姓起来造反，这责任不在百姓，而在君主。“天下大乱，只因上人生之。”天下大乱的原因是上人（即当权者）引起的，当权者的胡作非为、为非作歹是百姓造反的真正原因。“今日强暴蜂起，民不聊生，只是纪纲不立，善恶未明。”当权者的剥削压迫，造成民不聊生，从而引起人民的反抗。

因此，湛甘泉告诫当权者要关注民生，关心民众疾苦，废除苛捐杂税，为百姓做好事，做实事，切实解决民众的困难。“念天下财尽民穷，降宽贷之诏。”湛甘泉认为国家已经到了财尽民穷的困境，最高统治者应该下达减免百姓各种额外负担的诏书，使百姓免于生灵涂炭。只有这样，君主才能获得人民的拥护，才能得“民心”。湛甘泉认为，民心十分重要，民心关系着天下的安危、国家的巩固。得民心得天下，失民心失天下。“得乎民之心则得天之心，而天位安；失乎民之心，则失乎天之心，而天位危。”总之，湛甘泉“君民相须”的民本思想，突出了民众在国家中的重要地位和作用，统治者应该爱护人民、保护民众，关注民生、关心民众的疾苦，这些思想与当今我们党、政府重视民生、关心民生的思想有相通之处，它也是当今我们党、政府制定民生政策、解决民生问题的重要思想文化资源。

第六章

立诚为始　明善为功

湛甘泉不仅是明代著名的哲学家、政治家，也是明代著名的伦理思想家。湛甘泉伦理思想的核心范畴是“诚”，他认为“诚”就是天理，就是初心。湛甘泉以“诚”为核心范畴的伦理思想，建立在“性者心之生理”的人性论基础之上。湛甘泉伦理思想的主要内容包括立志、孝、悌、忠、信。湛甘泉伦理修养的具体方法是义与利的合一。湛甘泉以“诚”为核心范畴的伦理思想体系是对白沙心学“立诚以为始”的伦理思想体系的继承和发展，其立志、孝、悌、忠、信的伦理内容直接继承了白沙心学立志、爱国、孝亲的伦理内容。湛甘泉伦理修养的义与利合一的方法是对白沙心学“善明以为功”的伦理修养方法的继承和发展，它直接继承了白沙心学重道德轻物质、重仁义轻功利、重理性轻情欲的伦理修养方法。湛甘泉“性者心之生理”的人性论思想深受白沙心学“习与性成”的人性论思想的影响。湛甘泉的伦理思想与陈白沙的伦理思想共同构成了岭南心学伦理思想体系，它们体现了岭南心学伦理思想的特点，并在中国伦理思想史上产生了一定的影响。湛甘泉的伦理思想与陈白沙的伦理思想，对当代中国的伦理道德建设，对中国特色社会主义核心价值观的培养具有积极的作用。

一、诚即初心

诚即天理，是指“诚”是每个人天生的道德本性。“立诚为始”是白沙心学伦理思想体系建立的基础，它体现了白沙心学伦理思想的核心价值。陈白沙说："君子之所以学，……其始在于立诚，其功在于明善。"这里的"其始在于立诚"是说，白沙心学以诚信作为做人的起点，白沙心学也以诚信作为构建伦理思想体系的起点；"其功在于明善"是说，白沙心学以发扬人们内心的善良本性为道德修养方法。"诚""善"是中国古代伦理学的核心范畴，"诚"就是诚信、诚实。"善"就是善良、善意。白沙心学把诚信、诚实作为做人的起点，作为构建伦理思想体系的起点。同时，白沙心学把明善作为伦理修养的目的和方法，它体现了"诚""善"在其伦理思想体系中的核心价值。白沙心学把"诚""善"作为其伦理思想体系的核心价值，把"立诚""明善"作为构建伦理思想体系的目的和方法，这与明代中叶以来出现的伦理滑坡、道德沦丧的社会道德危机是分不开的。明中叶以来，由于程朱理学居于统治地位，整个社会思想文化界以朱熹理学作为价值标准，以朱熹理学的是非为是非。"此亦一述朱，彼亦一述朱"，朱熹理学成了人们必须遵守的教条，科举考试的工具。从而造成了社会风气的败坏，社会伦理道德的滑坡。"此学（理学）寥寥，世间无人整顿得起。士习日见颓靡，殊可忧也。"陈白沙为社会风气败坏、社会伦理道德滑坡而深深地忧虑，并提出了尖锐的批评。"父子失其亲，兄弟失其爱，鼓之以斗争之风，置之于水火之地，则五品之伦、五常之性与生俱灭，诚不可不惧也。"社会道德沦丧、伦理滑坡的直接后果是，家庭内部父子之间不慈爱，兄弟之间不仁爱，父子、兄弟之间相互斗争，将对方置之水火之地而残杀之。这样一来，"五品之伦"——君臣、父子、夫妇、兄弟、朋友五种伦理关系受到了严重的摧残，"五常之性"——仁、义、礼、智、信五种道德品质遭到了毁灭性的破坏，直接导致了社会的道德危机。"师友道久衰，穷乡无可者。是非真妄间，彼此不相假。所适一以偏，较然见趋舍。滔滔复滔滔，风俗日益下。"社会风气的败坏，就像滔滔的江河流水一样日趋直下。面对如此败坏的社会风气，面对如此严重的道德危机，陈白沙决心重建道德哲学，并把诚信作为道德哲学的依据和起点。"方今之俗，廉耻未兴，将以兴之欤？奔竞未抑，将以抑之欤？"白沙心学主张激励人们的廉耻之心，压抑人们的争夺斗争之心，把诚信作为全社会的道德标准，作为个人做人的起点。“立诚以为始。”

在白沙心学“立诚以为始”的道德哲学中，“诚”是人的基本道德品质，是做人的基本要求。白沙心学认为，一个人如果具有诚这种优秀的道德品质，他就是不说话，人民也会信任他。他就是不做事，人民也会帮助他把事情做好。“诚则不言而民信，无为而化成。”诚实的人不仅能取得人们的信任，而且能感动人们、感化人们。“夫天下非诚不动，非才不治。诚之至者，其动也速；才之周者，其治也广。才与诚合，然后事可成也。”白沙心学认为，一个人如果不诚实，他就不能感动天下百姓。一个人如果没有才能，他就不能把天下治理好。最诚实的人最能取得百姓的信任，他又能很快地感动百姓。最有能力的人，他能治理广大的地方。人的能力与品质统一起来，他就能把任何事情做好。同时，白沙心学把诚信作为治国理政的基本准则。诚信的人不仅能做好某一件事情，而且也能把国家治理好。“君子一心足以开万世；小人百惑足以丧邦家。何者？心存与不存也。夫此心存则一，一则诚；不存则惑，惑则伪。所以开万世、丧邦家者不在多，诚伪之间而足耳。”“诚”是人的优秀道德品质，人们必须保存“诚”这种优秀品质。人们如能保存“诚”这种优秀品质，就能专一诚实；人们如不能保存“诚”这种优秀品质，就会迷惘而虚伪。具有专一诚实品质的人，就能使国家兴旺，万世长久。迷惘虚伪的人，就会丧失国家，使国家短命。白沙心学把“诚”作为人的优秀品质，并把“诚”提高为治国理政的基本准则，它体现了其道德哲学的特色。特别是陈白沙“以诚为始”的道德哲学，强调诚信与才能是治国理政的根本保证，这对我们今天治国理政具有积极的参考价值。

“立诚”必须“立志”。“立志”是陈白沙道德哲学的重要内容。陈白沙说：“甚矣，人不可无志也。正其谊不谋其利，明其道不计其功。”人必须有理想、有志向，人必须树立远大的理想和崇高的志向。个人的崇高志向，是他身上最宝贵、最有价值的东西。个人显赫的身份和地位，并不是他最有价值的东西。“故士之可贵者，不于其身之彰，于其志之臧。不臧而彰，非事之常；臧而弗彰，庸或何伤。”一个人如果没有崇高志向，即使他取得了显赫的地位，也是不正常的事情，不值得留恋。一个人如果具有崇高的志向，即使他的身份地位不显赫，这也没有关系，因为个人身份地位对个人的崇高志向没有什么影响。白沙心学的人生志向是，崇敬古代圣贤之人，永远有一颗正直的心，永远做正直的人。进与退符合礼义，不受世俗习气的影响，是白沙心学的人生志向的表现。“尚友古人，永矢一心，进以礼，退以义，不受变于时俗，近之则可亲，远而望之益光，此仆所望于公如是。”陈白沙认为，孔子是万世师表，与天地一样高大。孔子的学生颜回，也是与孔子一样的贤人。陈白沙十分崇敬孔子、颜回这些古代圣贤。他以孔子、颜回为榜样，时时对照检查自己，希望自己成为孔子、颜回那样的圣人。“孔子万世师，天地共高厚。颜渊称庶几，好学古未有。我才虽卤莽，服膺亦云久。胡然弗自力，万化脱枢纽。颓颜无复少，此志还遂否？”陈白沙不仅立志向古代圣贤学习，而且立志爱国，把热爱祖国作为自己的崇高志向。陈白沙从小就具有崇高的爱国主义志向，并把热爱祖国作为自己终身信奉的座右铭。“士不居官终爱国，孙当从祖是名田。”不但自己具有崇高的爱国主义志向，而且陈白沙还把爱国的志向传承给自己的孙子。因此，当陈白沙喜得孙子时，为孙子取名陈田，希望孙子像自己一样热爱祖国，热爱祖国的大好河山。“天下功名无我关，只缘我自爱江山。”白沙心学的爱国主义志向是当今人民树立爱国主义志向的重要思想文化资源。

白沙心学的伦理思想中不仅包含了立志爱国的伦理思想，而且包含了立志孝亲的伦理思想。孝敬父母是白沙心学伦理思想的重要内容。陈白沙是岭南历史上远近闻名的大孝子，他深深体会到孝的伦理价值，并对父母怀有一颗孝心。陈白沙说：“夫孝，百行之源也，通于神明，光于四海。尧舜，大圣也，孟子称之曰‘孝悌’而已矣。故君子莫大乎爱亲。”白沙心学认为，孝是人们一切伦理行为的基础，它贯穿人的内在精神，照耀整个天下。尧舜之所以被人们称之为圣人，是因为他们都有一颗伟大的孝心。所有有道德的人（即君子），人生最大的事情就是孝敬父母。白沙心学认为，每个人都具有孝敬父母的天然本性。不论是普通人还是尧舜那样的大圣人，他们都具有孝心，都孝敬自己的父母。他们在孝敬父母上是没有差别的。同时，每个人的孝心，不因时代的变化而变化，也不因社会地位的变化而变化。“爱亲，人子之至情也，不待教而能，不因物而迁，人之异于圣人也，岂相悬绝若是耶？”陈白沙具有一颗伟大的孝心，他深深地热爱自己的父母，孝敬自己的父母。“（白沙先生）孝悌出于天性，事太夫人甚谨。太夫人非先生在侧辄不食，食且不甘。先生在外，太夫人有念，辄心动亟归，果然。”陈白沙孝敬母亲，陈白沙的母亲很慈爱，母慈子孝，他们常常觉得时间太短，不能充分享受母慈子孝的感情。陈白沙既有强烈的爱国之心，又有深厚纯朴的孝敬之心，陈白沙把爱国之忠心与爱亲之孝心结合起来，构成了白沙心学诚信道德的重要内容。“君亲于我皆无尽，忠孝须君两不惭。锡命有封当第一，折肱治病不论三。”白沙心学认为，父母生养了自己，国家培养了自己，父母和国家对自己有无尽的恩情。因此，报答父母的养育之恩，报答国家的培养之恩是自己的义务和责任。自己应该做到对父母、国家问心无愧。陈白沙把爱国之忠与爱亲之孝作为自己的义务和责任，作为诚信的核心内容，具有非常重要的历史意义和现实价值，它是我们当今爱国主义价值观教育、孝亲爱兄家庭美德教育、良好的家风教育的重要思想资源，对于形成良好的爱国主义思想，形成良好的家风、家教有重要的现实意义。

白沙心学“立诚以为始”的道德哲学，是建立在性善论的人性论之上的。白沙心学认为，人性包括天地之性和气质之性，天地之性是善的，气质之性有善有恶。在陈白沙看来，每个人都具有善良的天地之性，这是没有差别的。“大行不加穷亦全，尧舜与我都自然。”一个人不论是在顺利的时候，还是在不顺利的时候，他们都具有善良的心，这是自然而然的。不论是尧舜这样的圣人，还是社会上的普通人，他们都自然而然地具有善良之心，这也是自然而然的。不因为尧舜是圣人，他们的善心会多一些。也不会因为普通人地位不高，他们的善心会少一些。人们的自然而然的善良之心是天赋的，与生俱来的。“心事如青天白日，皎乎其不可尚；辞气如大冬严雪，凛乎其不可犯。是岂资学问之功哉？是岂尝闻君子之道于人哉？亦发于其性之自然耳。”心事即人的心态，辞气即人的言辞风度，这些都属于人的本性，它是善良的。人的善良本性就是人的义理之性。同时，陈白沙认为，人还有气质之性。人的气质之性是人生气禀的结果。“夫人之生，阴阳具焉。”人禀受阴阳之气而生，人生之后就有了人的气质之性。人禀受的阳气多，就形成刚强之性；人禀受的阴气多，就形成了柔弱之性。“阳有余而阴不足，有余生骄，不足生吝。受气之始，偏则为害。有生之后，习气乘之，骄益骄，吝益吝。骄固可罪，吝亦可鄙，骄与吝一也。不骄不吝，庶矣乎！”白沙心学虽然认为，人性包含天地之性（义理之性）和气质之性，但白沙心学重视的是人的义理之性。“圣贤处事无所偏任，惟亲义何如，随而应之，无往不中。……随其气质，刚者偏于刚，柔者偏于柔，每事要高人一著，做来毕竟未是。盖缘不是义理发源来，只要高去，故差。”白沙心学认为，人的义理之性是中正之性，是天理。人的气质之性是偏颇之性，它不偏于刚，就偏于柔，往往于事无成。因此，白沙心学主张存养天地之性，变化气质之性。

白沙心学人性论的突出贡献，在于其“习与性成”的人性论思想。“习与性成”是指人性是后天产生的，它不是一成不变的，它随着后天环境的变化而变化。白沙心学虽然认为气质之性是人生气禀的结果，但它更强调人性是后天环境的产物，是人的后天习俗影响的结果。陈白沙说：“越不可为楚，楚亦不可为越。越与楚不相能，非有生之初，习使然耳。习之久，殆与性成。”在陈白沙看来，久居越地的人与久居楚地的人，他们的性格是不同的，也不能相互替代。为什么越人与楚人性格不同而不能相互替代呢？是因为越人与楚人居住的环境、生活习俗的不同，因而他们的性格不同，也不能相互替代。在这里，白沙心学强调了人性是由环境决定的，并随着环境的变化而变化。人居住的环境变化了，人的性格也跟着发生变化。“习之久，殆与性成。”同样，人的后天习俗也改变人的性格。“或疑子美圣，未若陶潜淡。习气移性情，正坐闻道晚。”人性不是一成不变的，人们的习俗、社会的风气可能会改变人们的性格。白沙心学“习与性成”的思想体现了其人性论思想的特点，对其后的中国人性论思想产生了深远的影响，明清之际的著名思想家王夫之的“习与性成”思想就直接受到他的影响。

湛甘泉的伦理思想深受陈白沙伦理思想的影响，他的“诚论”伦理思想直接来源于白沙心学“立诚以为始”的伦理思想。湛甘泉伦理思想的核心是诚信、诚实、忠诚，就是天理。湛甘泉说：“诚者，天理也。理者，天之理，非人之私也。”湛甘泉认为，诚信是天理，是社会公共的道德准则，不是个人的私心私欲。诚信是人的初心，是人的真诚之心。湛甘泉提出“初心”的概念，他认为“初心”就是真心，就是天理，也是诚心。“人心一念萌动，即是初心，无有不善，如孟子乍见孺子将入于井，便有怵惕恻隐之心，乍见处亦是初心复时也。……若识得此一点初心真心，便是天理。”湛甘泉认为，“初心”是人心中最初萌芽的道德之心，它是善良之心，是绝假纯真的，“初心”就是天理。同时，人的“初心”是公平正义之心，“初心”就像用来衡量公平的量具一样，它是最公平的。“故心之公者如量焉，至矣；心之平者如概焉，至矣。”人之“初心”就是诚信之心。因此，湛甘泉强调，人们应该像孟子一样扩充人的“初心”，使人的“初心”充满天地之间。“人的良心何尝不在，特于初动时见耳。……故孟子欲人就于初动处扩充涵养。以保四海。”诚也是天理，故湛甘泉提出“随处体认天理”。“吾之所谓随处云者，随心、随意、随身、随家、随国、随天下，盖随其所寂、所感时耳。”湛甘泉“随处体认天理”的思想，其实质就是随处体认诚信，把诚信贯穿于其道德哲学的始终，它是白沙心学“立诚以为始”的道德哲学的继承和发展。

湛甘泉以“初心”为诚心、为天理的伦理思想中，包含了立志的思想。湛甘泉把立志作为道德哲学的重要内容。“先生之教，惟立志，煎销习心，体认天理三者最为切要。”湛甘泉认为，确立人生志向，首先要认识人生的根本。人生的根本就是体认天理。“夫学以立志为先，以知本为要。”湛甘泉把确立人生志向作为伦理思想的先决条件，体认天理是确立人生志向的关键。在湛甘泉看来，体认天理是确立人生志向的根本，人如果不懂得根本，就不能很好地确立人生志向。即使他确立了人生志向，这样的人生志向也不是真正的人生志向。“不知本而能立志者，未之有也。立志而不知本者，有之矣，非真志也。”湛甘泉认为，人们认识了体认天理是人生志向的根本，在体认天理的基础上确立人生志向，这样，人心中的善良本心就不会丢失，善良的人性就可以恢复。“知本而志立，志立则心不放，心不放则性可复。”湛甘泉认为，人生真正的志向是立志于道，立志于天理。“盖吾之所谓立志者，异乎人之所谓立志。人之所谓立志者，谓有必为圣人之心。吾之所谓志者，即孔子所谓志于道，志于学。”湛甘泉所说的人生志向，与别人所说的人生志向不同。别人所说的人生志向是立志做圣人，湛甘泉所说的人生志向是立志于体认天理。在这里，湛甘泉既指出了人生志向的明确目标，又指出了人生志向与体认天理的关系，它体现了湛甘泉人生志向的伦理特点。

湛甘泉的人生志向，就是立志于忠，即忠于国家；就是立志于孝，即孝敬父母。湛甘泉说："孝悌之道，在一念之诚扩而充之而已矣。"湛甘泉认为，孝敬父母、顺从兄长是人心中的诚的扩充和表现。人能够充分地把心中的诚扩充和表现出来，它就是大孝。"是故能扩而充之者，大孝也。"如若不能，它就是小孝。小孝是孝的具体条目和解释。"人不能扩而充之者，小孝也。小孝者，孝之疏节也。"什么是大孝？湛甘泉说："何谓大孝？夫孝，始于立身，中于事亲，终于事君。"湛甘泉认为，大孝包括修身、齐家、治国。大孝的最初阶段是个人的心性修养，主要是提升个人的道德品质。大孝的中间阶段是齐家，主要是孝敬父母、顺从兄长，促进家庭和睦。大孝的最后阶段是治国。主要是热爱祖国，促进祖国的繁荣昌盛。大孝的核心价值是孝敬父母。"事父孝，故事天明；事母孝，故事地察。天地明察，神明彰矣。孝悌之至，通于神明，光于四海，是之谓大孝。"通过孝敬父母，可以使天地明察，可以使人的精神彰显出来。大孝贯通人的内在精神世界，照耀整个天下。如果天下所有人都致力于大孝，那王道政治就实现了。"夫天下相勉于大孝，而王化毕矣。"湛甘泉认为，孝悌是诚信的扩充，大孝包括修身、齐家、治国的思想，它体现了湛甘泉孝悌思想的特点。

湛甘泉"初心"即"诚"的道德哲学，是立足于"心性非二"的人性论思想之上的。湛甘泉反对把人性划分为二，他认为人性不能区分为天地之性和气质之性。"古之言性者，未有以理气对言之也。以理气对言之也者，自宋儒始也，是犹二端也。"湛甘泉认为，中国古代人谈论人性，没有把人性区分理（天地之性）与气（气质之性）的观点。从宋代理学家开始，才提出了把人性区分为天地之性与气质之性的观点。湛甘泉反对把人性区分为天地之性与气质之性，他认为人性就是气质之性，天地之性是依附于气质之性而存在的。"夫天地之生物，犹父母之生子也，一气而已矣，何别理附之有？"同时，湛甘泉认为，气质之性是人生之后才具有的，天地之性是气质之性中的中正之性。天地之性与气质之性是合一的。“天地之性也，非在气质之外也。其中正焉者，即天地之中赋于人者也，故曰天地之性。”湛甘泉指出，人性就是人的气质之性，是人的形体之中的性。离开了人的形体，就没有人性。人性是人生之后才具有的。“是故天下之言性也，皆即气质言之者也。无气质则性不可得而见矣，故生而后有性之名。”

人性是什么？湛甘泉说：“性者，与心俱生，乃是心之生理也。”湛甘泉认为，人性与人心是同时产生的，它们是人禀受气而形成人的形体才产生的。人性是人心中具有的生理。人心中的生理是什么？湛甘泉说：“天理只是心之生理。”人心中的生理是天理，人性就是人心中的天理，即人心中的道德理性。“性也者，心之生理也。”人性与人心是什么关系呢？湛甘泉认为，人性是人心中的道德理性，是心所具有的属性，它不能离开心而存在。因此人心与人性不能分裂为二，人心与人性是合一的。“心性非二也。”湛甘泉用谷种和谷种的生意，来比喻人心与人性的关系。他认为谷种是心，谷种具有生意是性。谷种没有发芽时，谷种的生意就包含在谷种中而看不见。心没有萌发时，性就包含在心中也不可见。“譬之谷焉，具生意而未发，未发故浑然而不可见。”谷种萌发时，它就表现为谷芽。人心萌发时，就表现为恻隐、羞恶、辞让，是非之情，表现为仁、义、礼、智之性。“及其发也，恻隐羞恶辞让是非萌焉，仁义礼智自此焉始分矣，故谓之四端，端也者，始也，良心发见之始也。”湛甘泉虽然认为人性是心之生理，人心与人性合一不二，但人心与人性又是有区别的，不能等同。湛甘泉说：“夫至虚者心也，非性之体也。性无虚实，说甚灵耀？”湛甘泉认为，心是至虚的，又是至实的。心是至虚的，是说心具有认知能力。心是至实的，是说心是性依存的实体。性没有认知能力，它没有灵性，性是心所具有的属性，它不是实体，所以心与性不同。湛甘泉“性者心之生理”的心性非二的思想，是对程朱理学包括其师陈白沙把人性划分为天地之性与气质之性的改造，批判了心性为二的思想，强调了心性合一。但在人性的本质含义上，即人性就是天理，湛甘泉与程朱理学包括其师陈白沙是一致的，他们突出了人性的道德性，突出了人性之善。

二、存理去欲

明善为功是指发扬人的善良本性，是道德哲学的修养目标和修养方法。存理去欲是指保存人心中的天理，除去人心中的私欲。存理去欲是明善为功的基本方法。陈白沙说："君子之所以学者，……其始在于立诚，其功在于明善。"白沙心学认为，树立诚信是道德哲学的起点，也是做人的起点。发扬人心中的善良本性，是道德哲学的修养目标和修养方法。白沙心学认为，人的本性是诚实的、善良的。人们在道德修养中，应该发扬人的善良本性。陈白沙继承了孟子"人性善"的思想，他希望人们像孟子那样，以尧舜为榜样，发扬人心中的善良本性，成为尧舜那样的圣人。"孟子见人便道性善，言必称尧舜，此以尧舜望人也。"陈白沙也继承了张载"人性善"的思想，像张载那样以圣人的事迹教导人，希望人们成为尧舜那样的圣人。"横渠见人便告以圣人之事，此以圣人望人也。"陈白沙以孟子、张载为榜样，希望人们也能成为尧舜那样的圣人。"吾意亦若是耳。"陈白沙常常称赞尧舜时期良好的社会风气和人们优秀的道德品质。陈白沙认为，尧舜的时期社会风气良好，人们的道德品质优秀，人人都是贤德之人。人们的家风非常好，家家都具有受爵封侯的优良家风。"尧之时，比屋可封。"陈白沙认为，尧舜以后社会风气变坏了，社会的道德水准下降了。人们不讲求道德而讲求物质利益，父子、兄弟、朋友为了个人利益而持刀相见、相互残杀。"降自后世，不以善而以利，父子也不用情，兄弟也阋于墙，妇姑勃谿，朋友按剑者，皆是也。"陈白沙常常为社会风气败坏、社会的道德水准下降而忧虑，他希望人们心怀善良，养成良好的道德品质，形成良好的社会风气。陈白沙听到哪里的社会风气好，哪里的好人好事多，他就高兴。陈白沙听到哪里的社会风气不好，哪里的坏人坏事多，他就愤怒。"夫三尺童子，闻人称其善则喜，称其恶则怒。"陈白沙听说当时广东梅县的社会风气好，好人好事多，他非常高兴。"予尝闻程乡（今广东梅县）风俗善多而恶少。"陈白沙希望人们多做好事，不干坏事。同时，陈白沙积极表彰社会上的好人和好事，批判社会上的坏人和坏事。只要是值得称赞的好事，陈白沙都记载下来进行表彰。“一善可书也，吾书之。”陈白沙表彰好人好事的目的，是为了激发人们的善良本性，提升社会道德水准。“善者，吾斯进之而已矣。”陈白沙的行为，对于弘扬社会正气、弘扬社会正能量有积极的推动作用。

白沙心学“明善为功”的修养目的和修养方法，具体表现在德与物、义与利、理与欲的关系上。白沙心学在德与物的关系上，重道德轻物质利益。在义与利的关系上，重仁义轻功利。在理与欲的关系上，重义理轻情欲。在德与物的关系上，白沙心学重视道德的价值，轻视物质利益的价值。陈白沙的好友罗一峰指出：“白沙先生处南海者，廿余年矣。观天人之微，究圣贤之蕴，充道以富，尊德以贵。天下之物，可爱可求，漠然无动其中者。”罗一峰认为，陈白沙因充道而富有，因尊德而高贵，天下可爱可求的东西实在太多，但陈白沙对此无动于衷。陈白沙为什么会重视道德，注重道德的价值呢？白沙心学认为，道德是人的价值的核心所在，道德是人与动物相区别的根本标志。“人具七尺之躯，除了此心此理，便无可贵。”在白沙心学看来，如果没有道德，人就像行尸走肉，是一张皮包裹着一块骨头的禽兽，饿了就吃，渴了就喝，能穿衣服，能行淫欲的动物。“浑是一包脓血裹一大块骨头。饥能食，渴能饮，能著衣服，能行淫欲。”这样的人没有理想，没有人生目标。他们在贫贱的时候，想到的、追求的是富贵。他们富贵了，又追求权力和地位。“贫贱而思富贵，富贵而贪权势。”这样的人没有起码的道德底线，没有基本的人生准则。他们喜怒无常，荒淫无度，是货真价实的禽兽。“忿而争，忧而悲，穷则滥，乐则淫。凡百所为，一信气血，老死而后已，则命之曰‘禽兽’可也。”

陈白沙一生以道德作为做人的底线，以道德作为自己的行为准则。符合道德的事，他就做。不符合道德的事，他就不做。“言不离乎道，行不迷乎穷，出处、语默、去就之权，操而用之，必概乎义。”陈白沙说话不违背道德，他的行为永远不会被迷惑。陈白沙一生的出处、语默、去就，一切以道义为标准，一切按道义办事。总之一句话，陈白沙一言一行都把道德放在第一位。因此，在道德与物质利益的关系上，他主张“在德不在物”，他重视道德的价值，轻视物质利益的价值。夏天荔枝成熟了，陈白沙的邻居给陈白沙家送来了荔枝。“长夏风雨过，西良荔枝熟。晚有好事人，提筐归我屋。”陈白沙的母亲没有立刻把荔枝分给家人吃，她先用荔枝祭祀祖先，然后才把荔枝分给僮仆。“老母不肯尝，馨香闻隔宿。上以荐祖考，又分及僮仆。”陈白沙首先称赞了邻居送来的荔枝，然后又赞美母亲用荔枝祭祀祖先、分给僮仆吃的优秀品质。陈白沙赞美的是人的优秀品德，他没有赞美荔枝本身的美味。“尔意良足嘉，吾亲素多淑。在德不在物，岂谓穷口腹？”“在德不在物”体现了陈白沙重视道德的价值，轻视物质的价值。

与“在德不在物”的思想相联系的是白沙心学的重义轻利思想。义、利范畴是中国道德哲学中的重要范畴，义与利的关系是中国古代道德哲学十分重视的问题。义与利的关系实质上就是道义与物质利益的关系。围绕义与利关系的讨论，在中国伦理学中形成了不同的伦理派别，即义理派与功利派。把道义放在第一位，功利放在第二位的是义理派。把功利放在第一位，道义放在第二位的是功利派。陈白沙继承和发展了中国传统伦理思想中道义派的思想。在义与利的关系中，陈白沙主张道义是第一位的，功利是第二位的，他主张用道义主导、统帅功利。同时，也不否定功利的价值和意义，在一定程度上与道义派又有不同。在道义与功利的关系上，白沙心学认为，道义与功利是区分君子与普通人的标准。“夫利乃众人所趋，义则君子所独。”陈白沙认为，功利是普通人所追求和向往的，道义则是君子所独有的。陈白沙以义与利作为区分君子与普通人的标准，具有一定的偏颇性。他认为只有君子才具有道义，普通人只追求功利，这更具片面性。陈白沙在以道义与功利区分君子与普通人的前提下，他要求人们必须成为君子，必须追求道义。人们不能为功利所驱使，成为功利的奴隶。“富贵何忻忻，贫贱何戚戚！一为利所驱，至死不得息。”在陈白沙看来，富贵贫贱与功利得失相联系。一个人有钱、有地位用不着高兴。一个人没有钱、没有地位也用不着悲伤。因为金钱、地位是身外之物。一个人如果被金钱、地位所驱使，人的一生都不得安宁。一个人如果被功利所驱使，人的道义就没有了，人的价值也不存在了。“一为利所驱，取便世争先。汉阴喻桔槔，所见无不然。嗟哉抱瓮心，古道何由全？”人们为利益所驱使，便争先谋取利益，这样人们的道德心就丢失了。陈白沙强调人们不要为功利所驱使，不要做功利的奴隶。人应该把道义作为人生的基本价值，把追求道义作为人生的目标。“余闻士不耻贱贫，虽富贵而弗骄，则不失义，不离道；入于患得患失，碌碌为鄙夫。”人们不要把贫贱作为羞耻的事情，人富贵了也不要骄傲。只要人们的行为不丧失正义，不违背道德就行。如果人们以功利得失为目的，患得患失，那就是碌碌无为的庸俗之人。“丈夫重出处，富贵如浮烟。行则为在田，止则为在渊。”大丈夫重视的是其出处是否符合道义，富贵是身外之物，它就像从眼前飘过的浮云一样，一晃而过，没有永久的价值。在道义与功利的关系上，陈白沙主张用道义主导功利，反对人们为利益所驱使，在一定程度上体现了道义与功利关系的真理性。它为当今人们如何处理道义与功利的关系提供了丰厚的思想文化资源。

在道义与生命的关系中，陈白沙认为道义是第一位的，生命是第二位的。他主张用道义充实生命，用道义丰富人们的生活。“生不足，归于天，义不足，何有于年？”人的生命或长或短，生命的长短是自然现象，它是由自然决定的，人们不必过分计较。人们的道义完善与否，完全是人的修养的结果。如果人的道义不完善，虽然他长命百岁，那又有什么意义呢？陈白沙主张加强人的自我修养，完善人的道德。在功名与道义的关系上，陈白沙强调人的道义是第一位的，人的功名是第二位的。“酌酒劝公公自歌，三杯无奈老狂何！坐忘碧玉今何世，舞破春风是此蓑。一笑功名卑管晏，六经仁义沛江河。”管仲、晏婴是春秋时代著名的政治家、思想家，他们以功利为目的完成了治国平天下的丰功伟绩。尤其是管仲，他一生九合诸侯，不用武力就使齐国空前强盛。陈白沙一生淡泊名利，超脱功利，对于管仲、晏婴的丰功伟绩持轻视的态度，“一笑功名卑管晏”。他认为管仲、晏婴的功绩没有永恒的价值，仁义道德的价值才是永恒的，它就像滚滚向前的江河一样，具有永恒的价值，“六经仁义沛江河”。陈白沙重视道德价值，提倡人们不为功利所驱使，但他不是不讲功利，不是完全否定物质利益。陈白沙承认物质利益的正当性、合理性。“王侯尚爱囊中装，何况田家弟与兄？孟子未知人世事，独将仁义教齐梁。”陈白沙认为，每个人都有追求物质利益的权利，不论是王公贵族，还是普通的农家兄弟。孟子不了解物质生活是人们日常的基本物质需求，因而在会见梁惠王时，只讲述仁义道德，这是片面的。“孟子见梁惠王。王曰：‘叟！不远千里而来，亦将有以利吾国乎？’孟子对曰：‘王！何必曰利？亦有仁义而已矣。’”孟子这段讲话，有贬低功利，赞扬仁义的意思，它成了孟子关于仁义与功利关系的基本观点。其实，孟子并不完全否定物质利益，否定功利，在孟子的仁政思想中就有“制民之产”的思想，他认为为政者必须给百姓一定的物质财产。只是在仁义与物质利益的关系上，孟子认为仁义是第一位的，物质利益是第二位的。从陈白沙对孟子的批判，也可以看出陈白沙既不否定物质利益，也不否定功利。陈白沙一生为物质利益操劳，为家人的温饱奔走。“朝从东皋耕，夕望西岩归。贫妇业纺绩，灯下成岁衣。但令家温饱，不问我行违。”陈白沙的家庭是耕读之家，男耕女织是陈白沙家的基本生活方式，追求家庭温饱是陈白沙人生的重要内容。陈白沙反对的是“为利所驱”的急功近利、唯利是图的功利思想。陈白沙反对“为利所驱”的急功近利思想，对于发扬人的善良的品质是有积极作用的，应该给予充分的肯定和弘扬。

陈白沙“明善为功”的思想，也表现在对理与欲关系的看法上。在理与欲关系上，陈白沙主张去欲存理，“断除嗜欲想，永撤天机障”。陈白沙认为，人的各种嗜欲是天机（天理）彰显的障碍，所以应该断绝人的各种嗜欲，使人的善良本性发扬出来。只有除去人的各种欲望，人心中的天理才能完整的保存。“蝉蜕人欲兮，天理自全。”在陈白沙看来，人欲是天理彰显的障碍，人如果被各种欲望所蒙蔽，天理不能彰显，就与禽兽没有什么区别了。“况人易于蔽者乎！耳之蔽声，目之蔽色；蔽口鼻以臭味，蔽四肢以安佚。一掬之力不胜群蔽，则其去禽兽不远矣。”各种不同的声音蒙蔽人的听觉，各种不同的颜色蒙蔽人的视觉，各种不同的味道蒙蔽人的嗅觉，各种不同的安乐享受蒙蔽人的形体。如果不战胜各种欲望对人的蒙蔽，人心中的善良理性就不能彰显出来，人和禽兽就没有区别了。因此，人们应该要知道各种欲望对人心中的善良理性的蒙蔽而除去它，这样人欲就消失了，天理就彰显明了了。“知其蔽而去之，人欲日消，天理日明。……溺于蔽而不胜，人欲日炽，天理日晦。”因此，陈白沙主张要不断地培养天理，使天理一天天的彰显，使天理不要被人的各种欲望残害。“善端日培养，庶免物欲戕。”陈白沙用“去欲存理”的方法实现“明善为功”的修养目的，它体现了其道德哲学方法论的特色。

湛甘泉继承和发展了白沙心学“明善为功”的修养目的和修养方法。湛甘泉提出了“初心”说，他认为“初心”就是人的善心，就是天理。“人心一念萌动，即是初心，无有不善。”“若识得此一点初心，真心，便是天理。”湛甘泉认为应该认识人的初心、真心。同时，湛甘泉认为，认识人的初心、真心，就是明善，就是发扬人的善良本性。认识人的初心、真心的方法就是道德修养的方法。如何明善呢？如何发扬人的善良本性呢？湛甘泉继承和发展了白沙心学的义利关系说、理欲关系说，强调用为义不为利、为理不为欲的途径和方法来明善，来发扬人心中的善良本性。

湛甘泉继承了中国传统的义利说，丰富和充实了义与利的内容。他首先解释了义、利的含义。湛甘泉说：“心得其职，则敬，敬为义。心失其职，则肆，肆为利。义利之判也，间焉者也。”湛甘泉认为，心尽其职责，就恭敬，义为恭敬。心失其职责，就放纵，利就是放纵。义与利之间的区别就在心的一念之间。湛甘泉对义利的解释，完全立足于心学思想体系上。义与利所包含的内容是什么？湛甘泉从较为宽广的角度解释了义与利所包含的内容。湛甘泉首先概括了义所包含的内容。“义为志道，为体认天理，为寻乐也实，为求道于人伦之间，为笃实，为言动由中出，为不怨尤迁怒，为事父兄也诚切，为自得师，为传习，为遇长者谦让，为处同门久敬，为约信，为去成心，为二业併，为内外混合，为读书调心合一，为作字也敬，为考业用心也精，为观山水不失己，为博《六经》以开知见，为作文也发挥得所，为教束家僮。充其类焉，及其成也，为君子。”湛甘泉对义的规定既详细又具体，其核心思想是立志于道、立志为善，其目标是做有道德、有理想的君子。对于利的内涵，湛甘泉说：“利，为无志，为肆欲，为虚荣，为外伦求道，为先文艺，为巧令以滋伪，为暴怒，为事父兄也不诚切，为不求师，为传而不习，为抗据，为同门猜嫌，为期约不信，为师成心，为徒事举业以干禄，为支离，为读书主敬两途，为作字欲好，为粗心，为牿亡，为泛滥仙佛以坏心术，为欲胜人，为纵放家僮。充其类焉，及其成为小人。”湛甘泉对利的规定与对义的规定相反，其核心思想是没有志向，没有恭敬之心，其表现为小人。湛甘泉主张通过立志于道、主敬于道的修养以实现人的君子人格。他主张通过克服人的无志向，克服人的各种欲望的方法而避免人沦为小人。

在理与欲的关系上，湛甘泉主张通过存理去欲方法认识人的初心，保养人的初心。湛甘泉认为，存理是去欲的先决条件。人们只有保存好心中的天理，才能除去心中的私欲。湛甘泉曾写《四勿总箴》一文，他认为非礼勿视、非理勿听、非理勿言、非理勿动中的天理，就像是军队中的主帅，它受到四周敌人即人欲的包围。人们如果不存养心中的天理，而想先除去心中的私欲，就好比军队没有主帅一样，天理是冲不出人欲的包围的。“吾《四勿总箴》云，如精中军，四面却敌。不存天理，而欲先去人欲，如中军无主，谁与却敌。”因此，湛甘泉强调，人们要不断地培养、保存心中的天理。人心中的天理增长一分，人心中的人欲就消除一分。天理长到十分，充满于人的心中，则人心中的人欲便消除干净，这样，人就成了圣人。“天理长一分，人欲便消一分，天理长到十分盛大时，则人欲亦便十分净尽，熟而化之，为圣人。”湛甘泉认为，存养人心中的天理，克去人心中的人欲，就像农民种庄稼一样。农民种庄稼时，保存有利于庄稼生长的因素，除去危害庄稼生长的因素。“农夫之养苗也，去其害苗者，而生意不可遏也。”湛甘泉认为，培养初心就像培养庄稼的幼苗。培养初心就是除去危害初心的人欲，培养庄稼的幼苗就要除去危害幼苗的害虫。除去危害幼苗的害虫，庄稼就生长得茂盛。除去危害天理的人欲，天理就完满自足。“学者之养心也，去其害心者尔，而生理不可息也。夫何加力焉！锄其骄而苗自大，杀其蠹而木自茂，绝其欲而理自足。”湛甘泉认为，除去人欲就是煎销习心，存养天理就是体认天理。“体认天理乃煎销习心之工夫。盖天理与习心相为消长，养得天理长一分，习心便消了一分，天理长至十分，则习心便消至十分，即为大贤，熟而化之，即是圣人。”“习心”与“初心”不同。“习心”是受习俗污染的利欲之心，“初心”是天理。“初心”与“习心”相互消长，“初心”存养得一分，“习心”便消除一分。“初心”长到十分，人就成了贤人、圣人。湛甘泉培养“初心”，克除“习心”的思想是人们道德修养的底线。人只有坚守了这条道德底线，才会成为有理想、有道德的人。人一旦失去了“初心”这条道德底线，就会堕落，就成了没有理想没有道德的庸人，甚至罪人。湛甘泉的存养天理、存养“初心”的道德修养方法在今天依然有现实意义。

第七章
二业合一　学贵知疑

湛甘泉是我国明代著名的教育家，他一生从事教育五十五年之久，他创办的书院近四十所，教授的学生近四千人，具有丰富的教学实践经验，形成了系统的教育思想和教育方法。湛甘泉的教育思想以德育为本，同时也注重智育教育，其教育目标是培养“二业合一”的人才，即德育和智育合一的人才。湛甘泉以德育为本的教育理念，突出教育立德树人的作用。湛甘泉德育为本的教育理念，包括人的志向教育、诚信教育、礼仪教育、处世交友教育。湛甘泉的教育方法包括自得方法、学贵知疑的方法、学思并重的方法、循序渐进的方法。湛甘泉的教育思想和教育方法，是对陈白沙教育思想和教育方法的继承和发展。两者体现了岭南心学独具特色的教育理念和教育方法，在岭南教育史乃至中国古代教育史上产生了积极的影响，是当代我们进行教育改革和教育创新的宝贵思想文化资源。

一、德业举业

“贤在乎教”是陈白沙教育思想的核心价值，其意思是指人的优秀品德是教育培养的结果，突出教育立德树人的作用。陈白沙是我国明代著名的教育家，他一生从事教育事业，创办书院，培养了大批的学生。陈白沙在长期的教育实践中，形成了系统的教育思想和教育方法。在教育思想上，陈白沙提出了“人之贤否存乎教”的思想，他认为人的品德的好坏在于教育的优劣。陈白沙把德育放在教育的首要位置，主张用德育统帅智育，突出德育在教育思想中的决定性作用。陈白沙的德育教育包括家庭道德教育、社会道德教育、国家道德教育和个体人格教育。在教育方法上，陈白沙以“自得”为基本方法，提倡学贵知疑、循循善诱的启发式和循序渐进的方法。

陈白沙教育思想的核心价值是人的道德教育。陈白沙在长期的教育实践中深深地体会到教育的目的是立德树人，培养人的品德和人格，培养为社会服务的有用人才。陈白沙从明中叶以来社会风气败坏、伦理道德滑坡的现实出发，认为整顿社会风气，提高社会的伦理道德水准，关键在于教育，在于学校教育。陈白沙说：“社学之兴在今日，正淑人心、正风俗、扶世教之第一义也。”“社学”即小学。陈白沙指出，学校的根本任务是“淑人心、正风俗、扶世教”，即培养人们善良的心，端正社会的风俗习惯，扶持社会的教化。陈白沙认为，社会风俗的好坏在于人，是由人决定的。人的品德的好坏在于教育，是由教育决定的。“天下风俗美恶存乎人，人之贤否存乎教。”在此基础上，陈白沙强调指出，学校教育的目的在于培养人才，学校教育的宗旨是人格教育。陈白沙说：“是故学校之设，其重在于得人；学之道，其要在于为己；古之名世者，舍是无以成德。”在陈白沙看来，学校的办学目标就是“得人”，即培养人、造就人。学校的宗旨就是“为己教育”，即培养人的人格、人的品德。中国古代历史上有成就的人，都是因为他们坚持了“为己”的教育目标，才成就了自己的高尚品德。陈白沙特别注重学校的教育宗旨“为己”教育，即人格教育、人格养成。中国传统教育思想的核心价值是“为己”教育，即人格教育。中国儒家学派的创始人孔子提出了“为己之学”与“为人之学”两种教育理念。“子曰：‘古之学者为己，今之学者为人。’”“为己”教育是指立德树人的教育，把培养人的品德、品行作为教育的核心价值。“为人”教育是指知识教育，把向别人炫耀自己的学问、知识作为教育的主要目标。孔子是提倡“为己”教育的，把立德树人教育放在第一位。孔子提出的两种教育理念所产生的社会效果完全不同。宋代著名理学家程颐在孔子“为己之学”与“为人之学”的基础上，提出了“为己之仕”与“为人之仕”的两种政治理念。程颐认为，“为己”教育培养出来的人，必然是“为人而仕”的人。也就是说，“为己”教育培养出来的人，必然是为社会大众服务的。“为人”教育培养出来的人，必然是“为己而仕”的人，即“为人”教育培养出来的人，一定是为个人的私利服务的。陈白沙从立德树人的层面把“为己之学”与“为人之仕”统一起来，把“为人之学”与“为己之仕”统一起来。陈白沙认为，把培养人的道德作为教育目的，培养出来的人一定是为社会大众服务的人。以炫耀知识作为教育目的，培养出来的人一定是谋取私利的人。“学为己也，其仕也为人；学为人也，其仕也为己，断不疑矣。”陈白沙从立德树人的高度指出，只有以“立德”教育为核心价值，才能培养出为社会大众服务的合格人才。这是陈白沙教育理念的特色，它对当代中国的立德树人教育有重要的借鉴价值和参考价值。

陈白沙的“立德”教育包括家庭道德教育、社会道德教育、国家道德教育和个体人格教育。陈白沙的“立德”教育，首先是家庭道德教育。家庭教育的内容是孝悌。陈白沙认为以孝悌教育为内容的家庭道德教育，是整个道德教育的基础。“夫孝，百行之源也，通于神明，光于四海。”家庭教育的基本内容是孝敬父母、顺从兄长，它是所有道德教育的根源和基础，家庭教育贯穿于人的精神，照耀整个世界。其次，陈白沙的“立德”教育是社会道德教育，社会道德教育的内容是爱人。陈白沙认为，古往今来，每个人都有仁爱的心，爱自己，爱他人，爱天地万物。“余尝以观古今，人凡有爱，必先自爱其身，然后推己及物。”因此，每个人能安于故土，努力对周围的人实行仁爱，由近到远，对全社会的人实行仁爱，从而促进社会的和谐、稳定。“《易》曰：‘安土敦仁。’故能爱。否则未见其能爱也。”再次，陈白沙的“立德”教育是国家道德教育。陈白沙国家道德教育的核心思想是对国家的道德义务和道德责任。陈白沙把热爱祖国作为自己的道德义务，“士不居官终爱国”是其终身信奉的座右铭。“士不居官终爱国，孙当从祖是名田”，陈白沙不仅自己爱祖国，并且希望他的孙子陈田也爱祖国。陈白沙把爱人民作为自己的道德责任，以“无负于斯世斯民”自勉。陈白沙勉励自己不要辜负自己的时代，不要辜负自己的人民，要为国家、民族的整体利益着想，树立正确的国家道德观，为国家、民族服务，为国家、民族做出贡献。“明刑弼教，保任皇极，以寿国家无穷之脉；其次抑邪与正，彰善瘅恶，必行己志，不为利诱。障百川而东之，回狂澜于既倒，此宜无不在我者。”陈白沙认为，个人的道德责任和义务会辅助国家的教化，维护国家的统一。挽狂澜于既倒，挽救国家于危难之中。寿国家无穷之脉，使国家长治久安。陈白沙的“立德”教育最终落实到个体人格教育。个体人格教育的主要内容是确立个人的人生志向，培养个人的人生目标。陈白沙认为，培养个人的志向、人生目标是个体人格教育的基本要求。“人不可无志也。”任何个人不能没有志向、没有人生目标。人生目标、个人志向是个人事业的决定性因素。个人志向的大小、人生目标是否明确直接关系到人生事业的成败。“彼文章、功业、气节，世未尝乏人，在人立志大小。岁月固不待人也。”每个人应该及早树立人生志向，确立人生目标，不要蹉跎岁月。陈白沙个体人格教育体现了陈白沙立德教育的重要特征。

陈白沙把德育教育放在教育的首位，但他并不否定智育教育。陈白沙的智育教育主要体现在学习书本知识。陈白沙说：“夫人所以学者，欲闻道也。苟欲闻道也，求之书籍而道存焉，则求之书籍可也；求之书籍而弗得，反而求之吾心而道存焉，则求之吾心可也。”陈白沙认为，学习的目的是为了闻道，即追求真理。追求真理的途径有两种，一是通过学习书本知识，二是通过反思人心中的德性之知。在陈白沙看来，学习书本知识是一个不断积累知识的过程，而反思人心中的德性之知，并不需要通过这一过程实现。“夫学有由积累而至者，有不由积累而至者。”同时，陈白沙还指出：学习书本知识，可以通过语言文字的方式来实现；反思人心中的德性之知，可以不通过语言文字的方式来实现。“有可以言传者，有不可以言传者。大抵由积累而至者，可以言传也；不由积累而至者，不可以言传也。”在这里，陈白沙一定程度上忽视了德育培养的后天积累过程，体现了其德育教育的局限性。陈白沙虽然重视智育培养，强调读书学习的重要性，但在德育和智育的关系上，陈白沙始终把德育放在教育思想的首要位置，强调德育对智育的统帅作用。“为学当求诸心必得。所谓虚明静一者为之主，徐取古人紧要文字读之，庶能有所契合。”陈白沙认为，学习的方法首先是“求诸心”，反思人心中的德性之知，然后才“徐取古人紧要文字读之”，学习书本知识。陈白沙主张以德性统帅知性，主张以我观书，反对以知性束缚德性，反对以书博我。“盖以我而观书，随处得益，以书博我，则释卷而茫然。”“以我观书”就是以德性统帅知性，这样，随时都会有收获。“以书博我”就是以知性束缚德性，这样就会迷失方向。陈白沙对于德性之知的来源有些神秘性，但他以德性统帅知性的思想是十分合理的，它也是当今中国道德教育思想的宝贵精神财富。

湛甘泉的教育思想直接继承并发展了陈白沙的教育思想。湛甘泉继承陈白沙以德育为本的教育思想，提出了“学以德性为本”的德性教育理念，并把德性教育的内容扩展到了志向教育、诚信教育、礼仪教育、处世教育。湛甘泉继承了陈白沙德育与智育相统一的思想，形成了系统的“二业合一”的思想。湛甘泉的“二业合一”，是指德育和智育合一，品德培养与科举考试合一。湛甘泉首先提出了“学以德性为本”的教育理念。湛甘泉说：“学以德性为本，而达于事业。其功在于学问、思辨、笃行，以开发聪明，而成德行。”“以德性为本”是湛甘泉的教育理念总纲。湛甘泉认为教育的首要目标是“立德”。教育以“立德”为根本，以为社会培养各类专门人才为目标，使各类专门人才从事各项事业，为社会服务。教育的方法和途径是学问、思辨、笃行，通过学问、思辨、笃行，开发人的智慧，完成人的道德行为。湛甘泉认为，“立德”的关键在体认天理，在格物，通过体认天理的德性修养，达到修身、齐家、治国、平天下的伟大目标。“其要在体认天理，格物，以至于知致、意诚、心正、身修而致家国天下治。”在湛甘泉看来，以德性教育作为教育的最高理念，它不是空洞的理论，它必须落实到具体的事业之中，以事业为最终结果。湛甘泉把以德性教育为根本教育理念，形象地比喻成树木必须以树根作为根本。湛甘泉说：“如树木之有本根，而华实乃成，则所养所用皆君子贤人昌，而天下安矣。”湛甘泉认为，教育以“德性为本”，就好像树木必须有根本。树木有了根本，才有花有果。教育以德性为根本，它所培养出来的人，都是有道德、有修养的君子。这样天下就太平了，国家的各项事业就兴旺发达了。“圣学修而万事举矣。”

湛甘泉以“德性为本”的教育思想内容，首先是人的志向教育。湛甘泉认为，人的志向教育，是德性教育的基础。人只有树立牢固的人生志向，才能树立人生的其他各项目标。湛甘泉把立志比喻成盖房子。人们盖房子，必须打好牢固的基础。这样，房子才不会倒塌。“诸生为学必先立志，如作室者，先曰基础仍可。”湛甘泉在德性教育实践中，把立志放在教育的首位。“先生之教惟立志，煎销习心，体认天理三者最为切要。”湛甘泉把人的志向教育放在教育的首位，可以说抓住了人的德性教育的关键。人生志向不仅关系到个人人生目标的实现，也关系到国家各项事业的成败。其次，湛甘泉的德性教育也包含了诚信教育。诚信是个人品质好坏的标志，一个人如果失去了诚信，就等于失去了良心，失去了本性。“学者须要立信，如与人期约之类，虽似小事，然失信则是害心为大。”湛甘泉以诚信教育学生，他认为诚信就体现在人们的日常生活小事之中。如与人约会，这是小事，但必须信守承诺，讲求诚信，不能失约，不能不讲信用。人如果失约，就是违背良心。湛甘泉在从事教育的实践中，把诚信提到了很高的位置，他要求学生必须诚信，必须讲求诚信。湛甘泉要求来书院学习的学生，必须信守诚信。如什么时候来书院学习，什么时候离开书院，在书院学习时间的长短，都必须信守诺言，不可随时改变计划。“诸生今后或回省，其某日还馆，又如自期从学或一年二年，必要践言，不可易志。”湛甘泉强调诚信从小事做起的思想很有价值和意义。湛甘泉的德性教育还包含礼仪教育。湛甘泉十分重视礼仪教育，他对礼仪教育有极其明确而严格的规定。湛甘泉规定，凡是来书院学习的学生，首先必须接受礼仪教育，必须学习各种礼仪，然后才进入具体的课程学习。“士子来学，先令习礼，然后听讲。”湛甘泉把礼仪教育作为学生入学教育的第一课，要求学生懂礼貌、讲礼貌。湛甘泉要求学生，面对不同的人采用不同的礼节。面对长辈，学生必须采用对长辈的礼节。“诸生每遇与先生同侪之人，必推先生之意，以前辈视之，不可居然抗礼。”面对平辈，学生必须采用对平辈的礼节。“或年相若，亦必三让之外，若不得已，则侧行迁坐。”湛甘泉特别强调，学生要养成良好的礼仪习惯。湛甘泉认为，待人以礼是每个人的内在的自觉要求，不管他人或对方是否对你有礼貌，是否对你讲礼节，每个人都必须以礼待人。“此乃自养其恭敬之心，亦非关彼事耳。”湛甘泉的德性教育还包含处世交友教育。所谓处世交友，主要指学生在学习期间要学会处世之道，与同学建立良好的朋友关系。湛甘泉指出，每个同学都要树立大公无私之公心、相互关爱之爱心，克服自私小我之心、漠不关心之心。“诸生列馆同居，本意正欲大同无我，如同舟共济，彼此朝夕饮食起居，罔非正言之行以相点检，相警策，相观而善。”同学朝夕相处，应该建立正确的相处之道，以正确的言行相互影响，相互警示鞭策，共同进步。湛甘泉提倡的志向教育、诚信教育、礼仪教育、交友处世教育对于我们今天的德育教育仍然有重要的参考价值和作用。

湛甘泉不仅重视德性教育，而且重视知性教育，主张德育与智育统一。针对明代中叶以来科举考试八股化、教条化的弊端，人们注重智育而忽视德育的弊端，湛甘泉认为，德育与智育不能割裂，它们必须统一。“为俗学者教人以举业，非祖宗以道德成贤之法，而谈圣学者以常教人德业，而弃祖宗以举业兴贤之法。”湛甘泉把以科举考试为唯一目的的学问称为“俗学”，把以德性修养为目的的学问称为“圣学”。“俗学”称之为举业之学，“圣学”称之为德业之学。湛甘泉认为，以科举考试为目的的人只注重智育、举业，违背了中国传统教育注重德育，注重培养人的品德的宗旨。而以养成人的德性、培养德育为目的的人，他们抛弃了中国传统教育注重智育，培养人的知识的宗旨。他们共同的弊端在于割裂了德业与举业、德育与智育的关系。湛甘泉提倡德业与举业合一、德育与智育合一，他提出了“二业合一”的思想。湛甘泉说：“以德业举业合一进修，其书名曰二业合一训，即古先正德行道艺之遗意焉，使所养即所用。”湛甘泉认为，德业与举业、德育与智育应该同时进行，不可偏向一边。他特别撰写“二业合一”的著作，从理论上论述“二业合一”的思想。湛甘泉指出，“二业合一”是中国传统的教育理念，也是培养有用人才的正确途径。湛甘泉说，德业与举业不是对立的，举业中就包含着德业，智育中就包含着德育，“吾今教人，不外科举就有至理”。可是，有些人不懂得“智育中就包含着德育”这个道理，只在科举的举业上下功夫。“恐人又倒在一边，只在科举上立命，是不悟我之至意。”湛甘泉教导人们要懂得“二业合一”的思想，读书作文的知识学习中就包含了对德业的培养。“吾正欲人读书，作文，不失本领。”同时，湛甘泉还指出德业与举业的关系，德业是根本，举业是枝叶，读书、作文的知识学习必须以德业为指导。“就根本上发出枝叶，此同行而异情，不可不知。”湛甘泉虽然认为德业是根本，举业是枝叶。但他并不反对举业，不反对知识的学习。“科举乃圣代之制，诸生若不遵习，即是生今反古，便非天理。”科举考试是明代的教育制度之一，人们应该遵守这一制度，如果不遵守举业制度，便是生今反古，便是违背天理。湛甘泉认为，举业中包含德业，人们应该在举业中培养德业，人们不应该在举业之外另求德业。“故举业不足以害道，人自累耳。学者不可外此，外此便是外物也，为病不小。”湛甘泉强调德业与举业合一，以德业为根本，以举业为枝叶的教育思想，一定程度上揭示了教育的本质和实质，对我们今天如何处理德育与智育的关系，如何培养德育与智育全面发展的人才具有重要的借鉴作用，它是我们今天教育改革的重要思想文化资源。

二、疑思合一

疑思合一的方法是湛甘泉的基本教育方法。疑思合一是指怀疑和思考合一，疑思合一的方法包括疑思结合、循序渐进、知行合一的方法。疑思合一的方法反对死记硬背，其核心价值是理论创新。疑思合一的方法是对陈白沙“学贵知疑”教育方法的继承和发展。白沙心学在“学贵自得”的基础上提出了“学贵知疑”。“学贵知疑”的方法就是“自得”的方法，它包括启发式、循序渐进、注重实践的方法。白沙心学的教育方法是建立在“自得之学”的思想体系之上的，因此，“自得”也是白沙心学基本的教育方法。“为学当求诸心必得。此心学法门也。”心学法门即心学的方法，“当求诸心必得”就是“自得”。白沙心学认为，“自得”的方法就是自觉的方法。陈白沙说：“学无难易，在人自觉耳。才觉退便是进，才觉病便是药也。”自觉就是自我觉悟、自我领会。自己心有所得，心有所悟。自觉是学习进步的动力，自觉是治疗学习困难的良药。人们的学习没有进步，其失在于缺乏自觉性。白沙心学非常重视自觉的方法，并对自觉的方法做出了阐释。“有学无学，有觉无觉。千金一瓠，万金一诺。”湛甘泉对白沙心学的“有学无学，有觉无觉”中自觉的含义做了精辟的诠释，湛甘泉说：“有学有觉二句，皆谓溺于记诵，滞于见闻者，虽有学如无学，虽有觉如无觉也。”这是说，沉溺于死记硬背的学问，滞留于见闻的知识，可以说是有所学习，实际上是没有学习。虽说是有所觉悟，实际上是没有觉悟。湛甘泉的诠释是符合陈白沙自觉原义的。白沙心学提倡自觉的学习方法，反对死记硬背。“学者徒诵其言而忘味，六经一糟粕耳。犹未免于玩物丧志。”白沙心学认为，人们读书时，如果死记硬背书中的个别言词，而不弄懂、弄通其言词所包含的意义，就算熟记儒家经典六经中的言词，那也只是毫无用处的糟粕。白沙心学指出，死记硬背的学习方法是玩物丧志的方法。因此，白沙心学要求人们，读书学习时不要为书中的个别词句所困惑，不要为书中的个别章节所束缚。“读书不为章句缚，千卷万卷皆糟粕。”如果读书学习时为书中的个别章节、个别词句所束缚，即使读书再多，读遍成千上万卷的书籍，也只是废纸、糟粕。白沙心学提倡“自得”的方法，提倡以心传心，深刻理解书中的精义。“往古来今几圣贤，都从心上契心传。孟子聪明还孟子，如今且莫信人言。”白沙心学认为，从古至今的圣贤之所以成为圣贤，并不是因为他们读的书多，而是因为他们运用了“自得”的方法，深刻领会了书中的意义，以心传心。孟子之所以成为中国历史上伟大的圣贤人物，是因为孟子坚持了“自得”方法。因此，每个人都应该像孟子一样，坚持“自得”的方法，不迷信书本，不迷信权威。白沙心学“读书不为章句缚”的思想和方法，至今仍然是我们读书学习应该遵循的思想和方法。

白沙心学“读书不为章句缚”的“自得”方法，也是循循善诱的启发式方法。陈白沙采用启发式的方法教授学生。“先生教人，随其资品高下，学力浅深，而造就之，循循善诱，其不悟者不强也。”陈白沙学生众多，每个学生的水平、接受能力、理解能力都不一样。陈白沙遵循教育规律，采取灵活多样的教学方法，因材施教，根据学生资质水平的高低、学生接受能力的强弱而培养之，有步骤地引导学生。对于那些资质水平低、接受能力差的学生，他不勉强，不强求，不施加压力，提倡循序渐进的学习方法。“学者须循次而进，渐到至处耳。”在学习的道路上没有捷径可走，学习必须按照一定的次序向前推进，这样才能逐步地到达学习的最高点。个人的求学经历也必须是这样的。从小学开始，按照从小学到大学的求学顺序来完成学业。“天下之事，无本不立。小学，学之本也。保自然之和，禁未萌之欲，日就月将，以驯致乎大学，教之序也。”白沙心学认为，天下任何事情，都必须先树立牢固的基础，没有牢固基础的事情是不可能长久的。学习也是这样，小学是学习的基础阶段，通过小学阶段的学习，日积月累的积累，不断进步，不断提高，然后才进入大学阶段的学习，这是教育的基本规律，也是教育遵循的基本程序。在这里，白沙心学既强调了学习的阶段性，也突出了教育的规律性，它显示了白沙心学教育方法的特色。白沙心学的教育方法也包含了注重实行、实践的方法。陈白沙认为，学习不仅仅是学习书本知识，而且还要把书本知识贯彻到实践中去，实实在在地去做、去实行。陈白沙说："人要学圣贤，毕竟要去学他。若道只是个希慕之心，却恐末梢未易凑泊，卒至废弛。"人要学圣贤，成为圣贤，必须实实在在以圣贤为榜样，按照圣贤的标准实实在在地去学、去做。人不能只有一个希望成为圣贤的想法，而不实实在在去做成为圣贤该做的事情，那他是永远也成不了圣贤的。因此，白沙心学提倡"践履要笃实"的实践方法。"心地要宽平，识见要超卓，规模要阔远，践履要笃实。能是四者，可以言学矣。"陈白沙强调指出，凡是从事学习的人，他必须做到这四点：首先是心胸要宽广平和，其次是见识要高远，再次是学习的规模要开阔远大，最后是实践要坚实。只有做到了这四点，才是完整的学习方法。白沙心学特别强调实践要坚实，突出了实践方法的重要性。

白沙心学教育方法的核心价值是"学贵知疑"的精神和方法。"学贵知疑"的方法是其"学贵自得"方法的深化。"学贵自得"强调自我觉悟，自我领悟，要求人们不要被传统束缚，不要被圣人思想束缚，不要被书本知识束缚。"学贵知疑"突出怀疑、批判的精神，要求人们不要迷信圣人之言，对圣人的言论要采取怀疑、批判的态度。要求人们不要迷信书本知识，不要迷信书本中的只言片语，对书本知识要采取怀疑、批判的态度。陈白沙说："前辈谓'学贵知疑'，小疑则小进，大疑则大进。疑者，觉悟之机也。一番觉悟，一番长进。章初学时亦是如此，更无别法也。"陈白沙现身说法式地继承了中国传统的"学贵知疑"的精神和方法，并有所发展和创新。陈白沙在继承中国传统的"学贵知疑"精神的基础上，结合自己的学习和教学实践经验，提出了小的怀疑则有小的进步，大的怀疑则有大的进步的思想，并认为怀疑是自我觉悟、自我领悟的关键。陈白沙主张在学习中要不断地怀疑，不断地觉悟。这样，学习才能不断地进步，不断地提高。陈白沙把“学贵知疑”贯彻到自己的学习和教育实践中，他首先对书本知识，对中国传统的儒学经典，采取了怀疑、批判的精神。陈白沙说：“读书不为章句缚，千卷万卷皆糟粕。”人们读书学习，不要被书本中的个别章节和句子所束缚。如果一切照本宣科，没有怀疑、批判的精神，没有深刻理解个别章节和句子的含义，他即使读书千万卷，那也是毫无用处的糟粕。“学者徒诵其言而忘其味，六经一糟粕耳。”陈白沙不仅对书本知识和儒家经典持怀疑、批判的精神，而且对于中国历史上的圣贤人物，对以往的权威人物也持怀疑、批判的精神。“往古来今几圣贤，都从心上契心传。孟子聪明还孟子，如今且莫信人言。”中国历史上古往今来的圣贤人物，他们之所以能成为圣贤人物，是因为他们坚持了怀疑批判的精神，他们以心传心，从心上觉悟，从心上领会，才成为圣贤的。孟子之所以能成为圣贤，是因为孟子坚持了怀疑批判的精神。因此，人们在学习过程中，不要盲从，不要迷信，“如今且莫信人言”。要敢于怀疑，勇于批判。陈白沙不仅自己坚持，他还要求学生，对自己的言论和著作要持怀疑、批判的态度。学生不要迷信老师，不要盲从老师。“我否子亦否，我然子亦然。然否苟由我，于子何有焉？”在陈白沙看来，学生如果以老师的是非为是非，一切以老师的对错为对错，而没有学生自己对错的标准，没有自己的心得体会，这样的学生不可能有所创造、有所成就。陈白沙“学贵知疑”的精神和方法是一种科学的方法，它虽然没有建立在科学实验的基础上，但却包含了真理的火花。

湛甘泉继承和发展了白沙心学“学贵知疑”的教育方法，并使之完善和系统化。湛甘泉首先继承了白沙心学“自得”的教育方法，反对以词章记诵为目的的死记硬背的方法。湛甘泉说：“若读书不求自得其心，而以记诵词章为谋利禄之计，这个心便是穿窬之心。”湛甘泉认为，人们读书学习，就是为了心有所得，就是为了深刻领会书本的深刻含义。如果人们读书学习，只是记诵书本中的个别词句章节，从而达到谋取个人名利的目的，这个心就不是自得之心，而是偷盗之心。湛甘泉所说的自得之心，就是去旧立新之心。湛甘泉指出，人们在学习过程中，应该破除旧的见解，抛弃陈腐的知识，树立新的见解，吸取新的知识。“旧见不去，无于来新知，如汲井然，浊者不去，则新者不生。”在湛甘泉看来，人们抛弃旧知识，吸收新知识，就好比人们在井中取水。人们只有把井中不干净的、混浊的水取出来，井中干净的、清洁的水才会涌现出来。学习也是这样，人们只有把陈腐的知识去掉，新颖的知识才会产生，这就是人们常说的革故鼎新。

自得方法与良好的学习态度是紧密相连的。湛甘泉认为，良好的学习态度是学有所得的前提。学习态度端正的人，在学习上必然有所收获，有所进步。“大凡先论心术，然后可讲学术。心术不好的人，讲得亦是虚言无用。如不好的田地，虽有美种亦将奚施。”人们在学习上，首先要端正学习态度，然后才有学习上的收获、学术上的成就。学术态度不端正的人，虽然他口中说得头头是道，也只是不切实际的、空洞的、没有用处的言论。湛甘泉指出，学习就好比种庄稼，种庄稼首先要有好的土地，如果没有好的土地，即使有很好的种子，也种不出好的庄稼。在湛甘泉看来，人们不仅要有良好的学习态度，还要有持之以恒、专心致志的学习精神。学习不能三心二意，不能心猿意马。学习就好比射箭。“夫射也，其见古之道乎，于于翼翼终日而不乱，其不二夫心者乎。”人们学习射箭，必须专心致志，心中悠闲自得，不被外物干扰，不三心二意。学习，又好比学下棋，也要专心致志。这样，棋艺才能有所进步、有所提高。“今夫弈之为数，小数也，弗专心致志则弗得也。而况于举业乎？夫曰专曰致，则德业斯举之矣。非惟弈为然也。至于凿石攻木之为数，贱数也，非专心致志则弗精焉，而况于举业乎！”湛甘泉认为，下棋是小小的技术，若不专心致志地学习，则棋艺不可能有所进步。像雕刻石头、木头，这是比较粗浅的技术，如果不专心致志地雕刻，技术就不会精湛。德业、举业的学习，比射箭、下棋、雕刻这些技术更为复杂，难度更大。因此更应该专心致志。学习不仅要专心致志，而且还要持之以恒。“君子之学，莫若自强而不息，终身不违。”它表明了学习态度的坚定性和持久性。人们只有自强不息、持之以恒地学习，才能不断自得，不断进步。

“循序渐进”的方法也是湛甘泉重要的教育方法。所谓“循序渐进”，是指在教育过程中不要急于求成，按照一定的程序，遵循一定的规律，一个脚步一个脚步地前进，一个阶段一个阶段地推进。从学习的阶段性来讲，湛甘泉认为，学习应遵循人的成长规律。人的成长遵循从少年、青年、壮年到老年的规律，人的学习遵循从小学到大学的规律。人们先开始小学阶段的学习，因为小学阶段是学习的基础阶段，最后才进行大学阶段的学习。“小学者大学之本，而作圣之基也。”从学习的内容来讲，人们应根据人的年龄特点和接受知识能力的特点来进行学习。“小学者，小人之学也，即朱子序文所谓洒扫应对进退之节，事亲敬长隆师亲友之道，礼乐射御书数之义是也，皆小人之职，小子可以服行而习之者也。”小学阶段学习的内容，主要是适合小学生身心特点的礼节性知识，礼、乐、射、御、书、数的基本常识，洒扫、应对、进退的礼节，事亲、敬长、隆师、亲友的基本方法。大学阶段的学习内容就不一样了。在湛甘泉看来，大学是大人从事学习的地方，学习的内容是理解、掌握格物、致知、诚意、正心、修身、齐家、治国、平天下的道理。“夫大学者，大人之学也，即经之所谓格物、致知、诚意、正心、修身、齐家、治国、平天下是也，皆大人之事也。”大学所学习的内容，是儒家经典《大学》所说的三纲领、八条目。大学学生要掌握三纲领、八条目的深奥道理，直接为“内圣”与“外王”服务。从人的知识积累的过程来讲，湛甘泉要求大学学生学习四部儒家经典，以《论语》《大学》《中庸》《孟子》的排列顺序进行学习。“学者须先看《论语》，次《大学》，次《中庸》，次《孟子》，乃书之序也。”湛甘泉主张人们读书从《论语》开始，到《孟子》结束，其中可能包括了简单到复杂的读书方法。《论语》以语录的形式出现，比较简单。《孟子》以论文的形式出现，比较复杂。湛甘泉认为，人们的学习有一个从困难到容易的过程。人们在学习的开始阶段，由于没有弄懂所学内容的意义，因而觉得比较困难。人们从事学习的时间久了，慢慢弄懂了所学内容的含义，掌握了学习的规律，就觉得容易了。人们学习从困难到容易的过程，就好比人们进入黑暗的房子里一样。人刚刚进到黑暗的房子中，他什么东西都看不见。人进到房子里的时间长了，他就能看清房子里的东西了。“学者之始也，其犹入诸暗室矣乎，小间斯有见矣，久而久之，斯无不见矣，故先难而后易。”因此，湛甘泉主张知难而上，反对急于求成。湛甘泉认为，学习的过程就像鸷鸟练习飞翔和骥马练习奔跑的过程。鸷鸟是最能飞翔的鸟，可是鸷鸟小时候，它只能飞十里远的路程。如果一开始就让它飞一百里远的路程，它就会感到困难。因此，只能让它一个阶段一个阶段地练习，今天让它飞翔十里，明天让它飞翔二十里，然后让它飞翔百里乃至万里也不会感到困难。骥马是天下最能跑的马，可是当它是小马时，它只能跑五十里，让它奔跑百里就会感到困难。因此，只能让它一个阶段一个阶段地奔跑，今天让它跑五十里，明天让它跑六十至七十里，逐渐达到五百里，最后让它奔跑一千里也容易达到。“鸷鸟者天下之健飞者也，方其雏也，力能十里，博之以百里则坠矣。惟以渐而习之，今日十里，明日二十里，渐而至于百焉，虽万里可至也。夫骥马者天下之健步者也，方其驹者，力能五十里，驱之以五百里则僵矣。惟以渐而习之，今日五十里，明日六七十里，渐而至于五百焉，虽千里可也！”湛甘泉认为，学习有一个先困难后容易的过程，这是湛甘泉教学经验和教学方法的总结，所谓万事开头难，它体现了其教学方法的真理性。

湛甘泉教育方法的核心价值体现在“疑思合一”的方法上。湛甘泉“疑思合一”的方法，虽然直接来源于其师陈白沙的“学贵知疑”的方法，但他在“学贵知疑”的基础上，丰富和发展并提出了独立思考的学习方法，强调把怀疑与思考统一起来，形成了“疑思合一”的方法。湛甘泉十分重视独立思考，他要求人们要善于思考，要不断地进行思考。湛甘泉说：“不善思，便欲废思。”人们如果不善于思考，就会放弃思考。人们只要善于思考，只要不断地进行思考，他就能有所收获，有所体会。人们如果不善于思考，他就会一无所得。“思则得之，不思则不得也。”湛甘泉把独立思考与“学贵知疑”统一起来，它体现了人们学习创新、学习进步的规律。湛甘泉还把“学贵知疑”与辩论统一起来，他强调在怀疑的基础上进行辩论。湛甘泉说：“‘学贵疑，疑斯辩，辩斯得矣。’故学也者，觉此者。”湛甘泉认为，“学贵知疑”是最重要、最有价值的学习方法。为什么呢？在湛甘泉看来，人们在学习中遇到疑问，就会相互辩论。只有通过相互之间的辩论，人们才会有所收获，有所体会。同时，湛甘泉还认为，人们的学习不能仅仅停留在怀疑的阶段，不能对怀疑的问题置之不理。人们必须对怀疑的问题进行讨论。这样，人们才能弄清楚所怀疑的问题，才能把握事物的真理。人们如果对怀疑的问题置之不理，他就永远不会明白事物的道理。“大抵近时学士，一有所疑，便置之不辩，此道之所以不明也。”

湛甘泉还把“学贵知疑”与请问统一起来，主张人们必须针对怀疑的问题向别人请问，以彻底解决疑惑。湛甘泉把人们这一行为，比喻成人们在遇到岔路时向别人问路。人们在学习中遇到了怀疑的问题，他必须向别人请问，然后才有进步。人们在行路的过程中遇到了岔路，他不知道哪条路是正确的，哪条路是错误的。他必须向别人问路，然后才能沿着正确的道路继续前进。“夫子而知所疑也，学之进也。如行路然，行而后见多歧，见多歧然后择所从，知择所从者，进乎行者也。”湛甘泉把怀疑、思考与请问统一起来，体现了其学习方法的完整性、系统性。当今我国提出建设创新性国家，就应该继承和发展湛甘泉教育思想中所包含的批判、怀疑的精神和独立思考的精神，在思想上树立创新意识、创新理念，在实践中创造出新成果。

第八章

创造转化　创新发展

陈白沙是岭南心学的开创者。陈白沙开创江门学派，建构白沙心学思想体系，实现了明代理学向心学的创造性转化。明代理学向心学创造性转化的实质，是指朱熹理学向白沙心学的转化。陈白沙对朱熹理学的内容和方法进行了改造，改造了朱熹理学的理本论和格物穷理的方法论，建构了白沙心学的心本论和涵养与致知合一的方法论。湛甘泉是白沙心学的继承和发展者。他继承和发展了白沙心学思想体系，构建了"随处体认天理"的心学思想体系，实现了明代心学的创新性发展。明代心学创新性发展的实质，是指白沙心学向甘泉心学的发展。湛甘泉构建了"随处体认天理"的心学思想体系，与王阳明"致良知"的心学思想体系相区别，它既克服了朱熹理学"偏于外"的支离之学，也克服了王阳明心学"偏于内"的支离之学，形成了系统而完整的理气合一、心理合一、心性合一、涵养致知合一、知行合一的内外合一之学。湛甘泉"随处体认天理"的内外合一之学与王阳明"致良知"的"偏于内"之学，分别代表了明代心学内部不同的思想路线。

一、转化理学

创造性转化是指明代理学向心学的创造性转化。这种创造性转化是通过陈白沙对明代占统治地位的朱熹理学理本论和格物穷理的方法论的改造，建构了心本论和涵养与致知合一的白沙心学思想体系而实现的。明末清初著名思想家黄宗羲说："有明之学，至白沙始入精微。"这是说，明代的学术思想从陈白沙就开始发生了创造性转化。陈白沙对明代学术思想的创造性转化，是通过对朱熹理学的改造实现的。陈白沙说："吾道有宗主，千秋朱紫阳。说敬不离口，示我入德方。"陈白沙指出，他曾经以朱熹为学术宗主，白沙心学中的"道"，来源于朱熹理学。白沙心学中的"主敬"修养方法，来源于朱熹理学。"道"（理）是朱熹理学的最高范畴。朱熹说："宇宙之间，一理而已，天得之为天，地得之为地，而凡生于天地之间者，又各得之以为性。"朱熹认为，理存在于宇宙之中，理是天地万物存在的最后根源和依据。在理与天地万物的关系中，朱熹认为理是天地万物的本体，天地万物是由气等具体的材料构成的现象。朱熹说："理也者，形而上之道也，生物之本也。气也者，形而下之器也，生物之具也。"陈白沙吸收了朱熹理学理本论思想，并对朱熹理学的理本论思想进行了改造。"吾道有宗主，千秋朱紫阳。"白沙心学吸收了朱熹理学中的"道"，形成了白沙心学中的道本论思想。在白沙心学思想体系中，道是超越于天地万物而存在的。陈白沙说："道超形气元无一，人与乾坤本是三。"白沙心学认为，人与天地万物是由气构成的具体事物，道是超越由气构成的天地万物的本体。"道至大，天地亦至大，天地与道若可相侔矣。然以天地而视道，则道为天地之本；以道视天地，则天地者，太仓之一粟，沧海之一勺耳，曾足与道侔哉？"从形体来说，天地是万物中形体最大的。道超越天地万物而存在，道的形体也是最大的，道与天地在形体上可以说是相等的。但是从天地的层面来看道，道超越于天地，道为天地之本体。从道的层面来看天地，道居于天地之上，天地只是太仓中的一粒粟米，大海当中的一颗水珠，天地只是具体的物质现象。白沙心学中的道本论思想吸收了朱熹理学的道（理）本论思想。

但是，陈白沙根据明代中期的时代特点和思想文化特点，对朱熹理学的理本论思想进行了根本性的改造。明中期的思想文化特征是文化专制主义，整个社会形成了"家孔孟而户程朱"的文化专制主义局面，朱熹理学成了人们尊奉的教条，整个社会唯朱熹理学是尊，人们以朱熹理学的是非为是非而不敢越雷池半步。"原夫明初诸儒，皆朱子门人之支流余裔，师承有自，矩矱秩然。……守儒先之正传，无敢改错。"朱熹理学教条化了，朱熹理学思想僵化了。朱熹理学“内圣外王”的思想内涵异化了。朱熹理学变成了科举考试的标准教科书，变成了人们谋取功名利禄的工具。正如明末清初著名思想家顾炎武所说：“而制义（科举考试）初行，一时人士尽弃宋、元以来所传之实学，上下相蒙，以饕禄利，而莫之问也。”针对朱熹理学的教条化、工具化倾向，陈白沙在吸取朱熹理学理本论的同时，对其进行了改造。陈白沙首先强调理必须是心自得之理，理必须是自我体认、自我认同的理。陈白沙说：“是故道（理）也者，自我得之，自我言之，可也？”陈白沙认为，理必须是自我体认、自我认同的理，理才有意义和价值。理如果不是自我得之、自我认同的理，有关理的言论再多也是没有意义和价值的。陈白沙认为理必须是人们自得的理。这样，他就把朱熹理学的超越天地万物之上的理改造成了人们心中的理。在朱熹理学中，理是存在于天地万物之上的绝对本体。朱熹说：“道（理）者，古今共由之理，……自天地之先，羲黄以降，都即是这一个道理，亘古亘今，未尝有异。”陈白沙认为，理不仅是天地万物之上的理，理也是人们心中之理，是人心中的中正之体。“夫天下之理，至于中而止矣。中无定体，随时处宜，极吾心之安焉耳。”陈白沙改造、消解了朱熹理学中绝对性、外在性的理。在白沙心学中，理存在于人的心中，心具万理。“君子一心，万理完具。”

陈白沙在改造朱熹理学理本论的基础上，他建立了白沙心学心本论的思想体系。陈白沙首次提出了心学法门的思想。陈白沙说：“为学当求诸心必得。所谓虚明静一者为之主，徐取古人紧要文字读之，庶能有所契合，不为影响依附，以陷于徇外自欺之弊，此心学法门也。”心学法门包含本体论和方法论两方面。白沙心学首先突出了心的主体性。“虚明静一为之主”就是以心为主体，以心为本体。在白沙心学思想体系中，心是主宰之心。在心与理的关系上，白沙心学强调理在心中。“君子一心，万理完备。”这样，理就由朱熹理学的形而上的理，变成了白沙心学的心中之理。在心与事的关系中，白沙心学认为，天下事物种类繁多，但都不离心而存在，都因心具有意义和价值。“事物虽多，莫非在我。”在心与形、心与身的关系上，陈白沙说：“心寓于形而为主。”心虽然存在于人的形体中，但心是人的形体的主宰。白沙心学认为，心不但是主宰之心，它主宰理，主宰事物，主宰人的形体，心而且也是本体之心。在心与身、心与事的关系中，心既存在天地万物之中，心也超越天地万物之上。“身居万物中，心在万物上。”白沙心学认为，超越天地万物之上的心，就是天地万物的本体。“古人今人无不同也。……同其心不同其迹可也，同其归不同其入可也。入者，门也；归者，其本也。”在陈白沙看来，古今之人有相同的地方，是他们有一颗共同的公共之心。古今之人也有不同的地方，是他们的形体外貌不同。古今之人的出入和归宿有相同的地方，也有不同的地方。古今之人出入的门是不同的。但是，不管他们出入的门如何不同，其归宿是相同的，古今之人的归宿是心。因此，心是本体。陈白沙通过“为学当求诸心”的自得之学，确立了心的主体性。又通过心与理、心与事、心与形的关系，把主体心上升到了本体心。同时，陈白沙又通过心自得于理，使理内在于心，心与理合一了。在白沙心学思想体系中，理本来内在于心。可是，当主体心上升为本体心后，与心合一的理也上升为本体理了，这时，在白沙心学思想中，理与心一样超越于天地万物而存在，理成了无内无外、内外合一的本体。“（心）终日乾乾，只是收拾此（理）而已。此理干涉至大，无内外，无终始，无一处不到，无一息不运。”陈白沙通过对朱熹理学理本论的改造，使理下落到心中而成为心中之理，又通过与心合一而成为天地万物的本体，心中之理又成了心外的理。此时，白沙心学思想中的理既是内在的，又是外在的，理是内外合一之理。同时，白沙心学思想中的心既是内在的，它是内在于心的主体之心；又是外在的，它是超越于天地万物的本体之心。心是内外合一之心。白沙心学的心无内外、理无内外、心理合一、内外合一的心本论是对朱熹理学理本论的改造结果，由朱熹理学转向了白沙心学。

陈白沙不仅对朱熹理学的理本论进行了改造，建构了心无内外、理无内外、心理合一、内外合一的白沙心学思想体系，使朱熹理学转向了白沙心学，而且陈白沙对朱熹格物穷理的“偏于外”修养方法也进行了改造，形成了涵养与致知合一的内外合一心学修养方法。朱熹理学的修养方法包括涵养与致知两种方法，“学者工夫，唯在居敬、穷理二事”。朱熹理学的涵养方法是“主敬”，致知方法是即物穷理。朱熹理学认为，“主敬”的涵养方法，是理学的基本修养方法。“敬之一字，直圣门之纲领，存养之要法。”“主敬”是理学修养的纲领，它贯穿整个理学修养方法的始终。“是知圣门之学，别无要妙，彻头彻尾，只是个‘敬’字而已。”但在“主敬”的修养方法和即物穷理的致知方法的关系上，朱熹理学更重视即物穷理的致知方法。朱熹理学认为，即物穷理的致知方法非常重要，一物不格则缺了一物的道理。朱熹理学主张“今日格一物，明日格一物”，通过格物，获得事物之中的理。朱熹说：“所谓致知在格物者，言欲致吾之知，在即物而穷其理也。”朱熹理学即物穷理的方法，突出人必须与外在的事物直接接触，在接触外在事物的基础上，探求外在事物中的理。通过探求外在事物中的理，以发明人心中的理。朱熹理学十分重视即物穷理对发明人心中的理的重要作用，从而突出了朱熹理学方法论的外向性。

白沙心学对朱熹理学修养方法进行了改造，改造的重点不在对朱熹理学即物穷理的方法进行改造。当然，白沙心学也不完全否定朱熹理学即物穷理的方法。白沙心学对朱熹理学修养方法的改造，重点是对朱熹理学“主敬”方法的改造，通过改造，实现了朱熹理学“主敬”方法向白沙心学“主静”方法的创造性转化。白沙心学对朱熹理学修养方法的改造，是以吸取朱熹理学的“主敬”方法为前提的。陈白沙在论述吸取朱熹理学的“主敬”方法时说：“吾道有宗主，千秋朱紫阳。说敬不离口，示我入德方。”“说敬不离口，示我入德方”，这表明白沙心学把朱熹理学的“主敬”方法，作为自己修养方法的入口。白沙心学不仅把“主敬”作为自己修养方法的入口，它还把“主敬”方法作为自己的修养方法。“圣人之学，惟求尽性。性即理也，尽性至命。理由化迁，化以理定。化不可言，守之在敬。有一其中，养吾德性。”白沙心学认为，圣人之学就是扩充、发现人心中的理。人心中的理是随人心的变化而变化的。人心的变化是不能言说的，必须以“主敬”的方法来保存人心中的理，使理不流失，使理不被蒙蔽。白沙心学的根本目的是使心与理合一。陈白沙在为学过程中感觉到，以“主敬”作为唯一的涵养方法，不能实现心与理的合一，于是对朱熹理学的“主敬”方法进行了改造，以“主静”方法取代了“主敬”方法。“仆才不逮人，年二十七始发愤从吴聘君学。其于古圣贤垂训之书，盖无所不讲，然未知入处。比归白沙，杜门不出，专求所以用力之方。既无师友指引，惟日靠书册寻之，忘寝忘食，如是者亦累年，而卒未得焉。所谓未得，谓吾此心与此理未有凑泊吻合处也。”陈白沙在反思“此心与此理未有凑泊吻合处”的原因时，他认识到仅仅依靠即物穷理，即阅读圣贤经典的穷理方法，是不能实现此心与此理的合一的。而读书穷理的即物穷理方法，是朱熹理学的方法。因此，白沙心学对朱熹理学的读书穷理的方法进行了改造，当然朱熹理学的“主敬”方法也就包含在他的改造之中了。“于是舍彼之繁，求吾之约，惟在静坐。”白沙心学认为，朱熹理学读书穷理的方法太烦琐，他以简约“主静”的方法取代朱熹理学读书穷理的方法。白沙心学“主静”方法的效果好。通过“主静”修养，人心中的道德本性呈现出来了，心与理合一了。当然，陈白沙以“主静”为基本方法，并未否定朱熹理学“主敬”的方法。白沙心学的修养方法是“主静”与“主敬”合一的方法。正如陈白沙的学生湛甘泉所指出：“夫先生（陈白沙）主静而此篇（指《和杨龟山〈此日不再得〉韵》）言敬者，盖先生之学，原于敬而得力于静。随动静施功，此主静之全功，无非心之敬处。”白沙心学改造了朱熹理学读书穷理的致知方法，它也不否定读书穷理的方法。白沙心学的修养方法是“主静”修养与读书穷理合一。这样，白沙心学的“主静”方法，转化了朱熹理学“主敬”与即物穷理合一的方法。

白沙心学的修养方法是动静合一的。白沙心学以“主静”为基本修养方法，但“主静”是以主动为前提的。白沙心学认为，人与宇宙万物是一个统一的整体。天地按照春、夏、秋、冬四时的秩序运行，万物按照春、夏、秋、冬四时的秩序生长，天地万物处于不停的运动中，人也与天地万物一起运动，人也处于不停的运动之中。“人与天地同体，四时以行，百物以生。”天地万物是以动为主的，人也是以动为主的。因此，白沙心学的“主静”方法是离不开主动的，它是建立在主动的基础之上的。陈白沙说：“予书每于动上求静，放而不放，留而不留，此吾所以妙乎动也。得志弗惊，厄而不忧，此吾所以保乎静也。”白沙心学既“妙乎动”，也“保乎静”。它强调动中求静，在主动中寻求、把握主静的方法。“放而不放”，动中有静。“留而不留”，静中有动。白沙心学的修养方法是动静合一的。

白沙心学的修养方法是虚实合一的。陈白沙说：“致虚以求静之一，致实以防动之流，此学之指南。”“虚”是指心本来处于虚静的状态，心中没有任何一物存在。“实”是指心与外物接触或心受外物的蒙蔽，心中就有了外在之物及各种物欲。“致虚”就是除去人心中的各种物欲，是指心保持本来虚静的状态，使心中不存在任何一物。因此，“致虚”，即保持心的“致虚”状态，也是一种修养方法。“致实”是指虚静之心不能与外在事物相隔绝，必须承认外在事物的存在，包括外在物欲的存在。心如果不认外在事物的存在，心就会流入寂静中。白沙心学认为天地万物是客观存在的，日月在不停地运行，寒暑在不断地变化；河水流动，高山耸立；草木、鸟兽、昆虫的生长、死亡，这些都是客观存在的。人必须承认它们的存在，使心保持“致实”的状态，这样心才不会流于虚无寂灭之中。这样，“致实”也成了白沙心学的修养方法。同时，白沙心学也承认外在物欲的存在，承认外在物欲对心的蒙蔽和诱惑。因此，白沙心学提出“致虚”的修养方法，除去外在物欲对人心的蒙蔽和诱惑，使心保持虚静的状态。如何保持心虚静的状态呢？白沙心学主张用去蔽、洗心的方法使心保持“致虚”的状态。陈白沙说：“有蔽则暗，无蔽则明。”心受到物欲的遮蔽，就昏暗而不虚明；心没有受到物欲的遮蔽，就虚明清净。因此，白沙心学主张去蔽。“知其蔽而去之，人欲日消，天理日明。”去蔽就是除去人欲对心的遮蔽。人欲的遮蔽除去了，心中的天理就彰显了，心又恢复到虚明静一的状态。去蔽就是洗心。白沙心学十分重视洗心的致虚方法。陈白沙曾作洗心诗，《诗》曰：“一洗天地长，政教还先王。再洗日月光，长令照四方。洗之又日新，百世终堂堂。”通过洗心，使心保持日日新的明亮状态。白沙心学“致实”的修养方法，就是“体认物理，稽诸圣训”。白沙心学通过读书学习的途径，认识和把握事物的客观规律，使心始终保持“致实”的状态。白沙心学“致虚”与“致实”合一的修养方法，其实质是尊德性与道问学合一的方法。陈白沙说：“夫养善端于静坐，而求义理于书册，则书册有时而可废，善端不可不涵养也。”“养善端”就是尊德性，“求义理”就是道问学。白沙心学主张在静坐中培养善端，培养德性。在书册中寻求义理，扩充知识，强调尊德性与道问学合一。白沙心学十分重视培养德性，培养善端。“善端日培养，庶免物欲戕。”尊崇德性，培养善端，除去物欲对人心中的道德理性的戕害。白沙心学在尊德性的同时，也十分重视道问学，主张从书册中寻求事物的义理。“闭户读书，尽穷天下古今典籍，旁及释老、稗官、小说。”白沙心学的修养方法还包括勿忘勿助与戒慎恐惧合一的方法。陈白沙通过对朱熹理学涵养与致知并重方法的改造，提出了主静与主敬合一、主静与主动合一、致虚与致实合一、尊德性与道问学合一的方法。白沙心学在修养方法上，促使了理学修养方法向心学修养方法的转化。

二、发展心学

甘泉心学在白沙心学的基础上进行了创新性发展。湛甘泉继承了白沙心学思想，并对白沙心学进行补充、拓展、完善，形成了“随处体认天理”的心学思想体系。湛甘泉“随处体认天理”的心学思想体系，在继承白沙心学和吸取王阳明心学的基础上，实现了岭南心学的创新性发展。湛甘泉对岭南心学的创新性发展，首先是对白沙心学思想体系的补充、扩展和完善。陈白沙提出了“心学法门”的概念，陈白沙说：“为学当求诸心必得。所谓虚明静一者为之主，徐取古人紧要文字读之，庶能有所契合，不为影响依附，以陷于徇外自欺之弊，此心学法门也。”白沙心学的“心学法门”的思想体系，包括本体论和修养论两个部分。白沙心学首先突出其思想体系，是以“虚明静一之心”为主体的心学思想体系，其修养方法是“求诸心”与“徐取古人紧要文字读之”的内外合一的修养方法。在“虚明静一之心”为主的白沙心学思想体系中，心既是主体之心，又是本体之心。白沙心学的主体之心，表现在心与理的关系中，心主宰理。“君子一心，万理完具。”在心与事的关系中，心主宰事。“事物虽多，莫非在我。”在心与形的关系中，心主宰形。“心寓于形而为主。”白沙心学的本体之心，表现在心既存在于万物之中，又超越于万物之上。“身居万物中，心在万物上。”白沙心学思想体系突出了主体心与本体心合一、心与理合一、心与事合一、心与身合一，它体现了白沙心学思想体系合一的特征。但白沙心学对“合一”之学的论证不充分，对“合一”之学体系的建构不成熟也不完善。同时，白沙心学的修养论强调了“求诸心”与“徐取古人紧要文字读之”的内外合一的修养方法，具体论述了主静与主敬合一、主静与主动合一、致虚与致实合一、尊德性性与道问学的合一，体现了白沙心学修养论合一的特色。同样，白沙心学修养论合一的论证也不充分、不完善。

湛甘泉是陈白沙的衣钵传人，湛甘泉在继承和发展了白沙心学的基础上，补充、扩展、完善了白沙心学，使白沙心学实现了创新性发展。首先，湛甘泉提出的“随处体认天理”的心学思想，是对白沙心学“为学当求诸心”心学思想的发展。湛甘泉说：“吾所谓天理者，体认于心，即心学也。”湛甘泉从心与形、心与事、心与理的关系上论述了其心学思想体系。在心与形、心与事、心与理的关系上，湛甘泉继承了白沙心学中心与形、心与事、心与理的关系，并直接提出心与形、心与事、心与理的合一关系，创造性地发展了白沙心学中心与形、心与事、心与理的关系。在心与形的关系上，湛甘泉认为，心主宰人的形体。“夫天地之生人，与是心，所以御是形也，非以御于形也。”是人的精神驾驭人的形体，而不是人的形体驾驭人的精神。湛甘泉认为，人的形体是由气构成的，人的精神包括性、理，都是气的属性。气与性、气与理是合一的。“性即气也”，因而心与形是合一的。在心与事的关系上，湛甘泉认为心对于事有主宰、主导作用。“如何谓心学？万事万物，莫非心也。”“万事万物莫非心也”，是说万事万物离开了心，它们就没有任何价值和意义。心与事是合一的。在心与理的关系上，湛甘泉认为理内在于心，心主宰理，心主导理。“此理毕竟在心，通贯乎万事万物。”理内在于心，受心的指使、主宰。心与理是合一的。“心即理也，理即心之中正也，一而已矣。”在湛甘泉心学思想体系中，心也是具有道德含义的本心。“仁，人心也，天理也。”人心中的道德本心就是仁、义、礼、智之心。“夫心也者，天德也，……夫仁义礼智，天德也。”人的道德本心向外扩展，就是社会的伦理道德规范。仁、义、礼、智之心既是内在的，又是外在的，心是内外合一的心。在湛甘泉心学思想体系中，心还是本体之心，心是天地万物的本体。湛甘泉认为，人心中的道德本心是超越时空而存在的，它是天地万物共有的本体。“故上下四方之宇，古今往来之宙，同一天地，同一气也，同一心也。”心作为天地万物的本体，既存在于天地万物之外，又存在于天地万物之中。心是内外合一之心。“故心也者，包乎天地万物之外，而贯夫天地万物之中者也。中外非二也。天地无内外，心亦无内外。”湛甘泉“内外合一”之心的思想，既继承了白沙心学思想，又扩展、补充、完善了白沙心学思想。在白沙心学思想中，虽然白沙心学由理无内外引申出了心无内外，主张心是内外合一之心。但白沙心学始终未曾直接提出“心无内外”的思想。因此，湛甘泉心无内外、理无内外的内外合一思想，体现了甘泉心学对白沙心学的创新性发展。

湛甘泉“随处体认天理”的方法是心学的修养方法。“随处体认天理”的修养方法，是白沙心学“求诸心”与“徐取古人紧要文字读之”的内外合一的方法的继承和发展。湛甘泉强调“随处体认天理”的方法，是内与外合一的修养方法。“吾之所谓随处云者，随心、随意、随身、随家、随国、随天下，盖随其所寂、所感时耳。”随心、随意、随寂表现为内在的涵养，随身、随家、随国、随天下、随感表现为外在的格物。湛甘泉强调内与外合一的修养方法，即涵养与致知合一的方法。“涵养须用敬，进学则在致知。如车两轮。夫车两轮，同一车也，行则俱行，岂容有二？”湛甘泉认为，涵养和致知两种修养方法，就好像一辆车的两个车轮一样，它们是同时运行，同时起作用的。一辆车开动行走了，车的两个车轮同时转动。人们进行修养，涵养致知同时进行，不能分裂为二。在湛甘泉看来，涵养与致知两种修养方法都是体认天理的方法，它们不是割裂的。“所谓致知涵养者，察见天理而存之也，非二事也。”可见，涵养与致知是合一的。湛甘泉的涵养方法包括主敬与主静合一、主动与主静合一、知与行合一、立志与煎销习心合一。湛甘泉在对白沙心学“主静”的方法进行改造后，更为重视“主敬”的方法。白沙心学“主静”的修养方法受到人们的质疑。针对人们的质疑，湛甘泉对白沙心学的“主静”进行了改造。湛甘泉认为，白沙心学的“主静”方法，是最初学习的人使用的修养方法。他提出的“随处体认天理”的修养方法，是包含主动在内的动静合一方法。“静坐久，隐然见吾心之体者，盖先生为初学言之。其实，何有动静之间。心熟后，虽终日酬酢万变，朝廷百官，金革百万之众，造次颠沛，而吾心之本体隐然无一物，何往而不呈露？盖不待静坐而后见也。”陈白沙认为，人们通过“主静”的修养，人心中的善端就显现出来，心与理就合一了。湛甘泉认为，白沙心学的“主静”方法，是初学者不成熟的修养方法。人们的修养方法成熟后，虽然人们处于终日酬酢万变的运动之中，但人心中的善端也会显现出来。因此，湛甘泉提倡随处体认天理，强调动静合一。“所谓体认天理者，非分未发已发，随动随静。”湛甘泉认为，人心是运动的。心在运动过程中受到外物的污染、诱惑，人心中的天理就被蒙蔽了。“夫人之有心，莫不有知觉，既有知觉，不能不动而为情，外物触其情而发焉，则不能不流。”为了消除因心动所引发的天理被蒙蔽的弊端，湛甘泉又突出“主静”的作用，并认为动静不可分离，“动乎动而不离于静……静乎静而不离于动”。湛甘泉动静不离的合一方法完善了白沙心学动静合一的方法。湛甘泉动静合一的方法，就是主敬的方法。“故善学者，必合动静一于敬。敬立而动静一于敬，敬立而动静浑沦矣。此合内外之道也。”湛甘泉认为，主敬就是动静合一，就是合内外之道。所以，湛甘泉强调主敬的方法。“涵养此知识，要在主敬，无间动静也。”主敬是涵养的基本方法，主敬没有动静之分，主敬是主动与主静的合一。湛甘泉的涵养方法也包括知行合一的方法。湛甘泉说：“夫学不过知行，知行不可离，又不可混。……故随处体认天理而涵养之，则知行并进矣。”湛甘泉认为，知与行不可分离，也不能混同。知是知，行是行，但知行又是合一的。“盖学也者，知也；操持也者，行也。”人们在进行修养时，必须知行并进。湛甘泉的涵养方法强调主动与主静合一，主敬的内外合一，知与行的合一，体现了湛甘泉的涵养方法对白沙心学修养方法的创新性发展。

湛甘泉在注重涵养方法的同时，也十分重视致知方法。湛甘泉的致知方法主要指“随身、随家、随国、随天下”，即体认身、家、国、天下而获得知识的方法。湛甘泉的致知方法主要包括读书、亲师友、酬应等方法。湛甘泉主张学习古代的各种文化典籍，重点是学习儒家六经，学习诸子百家各种文集。“然学于古训，乃可有获。六经诸子，皆所以明心。”湛甘泉认为，人心中本来就有天理，致知就是体认人心中的天理。“致知云者，盖知此实体也，天理也，至善也，物也，乃吾之良知良能也，不假外求也。”可是，由于后天习俗对人心的蒙蔽，人心中的天理就不能彰显出来。人生下来就无知，长大之后就愚蠢。人们通过学习儒家经典，学习先秦诸子百家文集，可以获得各种知识。人们获得各种知识，既可以破除后天习俗对人心的蒙蔽，破除人们的愚昧和无知，又可以警发人心中的天理，使人心中的天理彰显出来。“但人为气习所蔽，故生而蒙，长而不学则愚，故学问思辨笃行诸训，所以破其愚，去其蔽，警发其良知良能者耳。”湛甘泉的致知方法是内与外合一的方法，是内在的警发与外在的学问思辨笃行合一的方法。湛甘泉心学是合一之学。“何谓合一？夫合一者，内以治心，外以治事。内以治心，故德崇焉；外以治事，故业广焉。德业之一，合内外之道也。”湛甘泉“随处体认天理”是内外合一之学，“随心随意”体认心中之理而涵养之，使人们具有崇高的道德。“随身、随家、随国、随天下”体认家、国、天下之理，使人们具有广博的知识而成就伟大的事业。

湛甘泉“随处体认天理”的内外合一思想，不仅是对陈白沙“心学法门”的内外合一思想改造、发展的产物，而且也是湛甘泉在与王阳明的学术交流、辩论中形成的。湛甘泉与王阳明都是明代心学的代表人物，他们代表了明代心学内部不同的学术派别。“先生（湛甘泉）与阳明分主教事，阳明宗旨致良知，先生宗旨随处体认天理。学者遂以良知之学，各立门户。”湛甘泉的学术宗旨是“随处体认天理”，王阳明的学术宗旨是“致良知”。湛甘泉“随处体认天理”的思想与王阳明“致良知”的思想，是他们在吸取对方的学术思想资源，又在相互批评对方的学术观点中形成的。湛甘泉与王阳明既是生活中的好朋友，也是学术上的知音。他们相识于明弘治十八年（1505年），并且一见定交。湛甘泉后来叙述了他们二人相识相交的经过。“（王阳明）会甘泉子于京师，语人曰：‘守仁从宦三十年，未见此人。’甘泉子语人曰：‘若水泛观于四方，未见此人。’遂相与定交讲学。”湛甘泉与王阳明相见时，都发出了“未见此人”的感叹，可见他们都有相见恨晚的感觉。他们在其后的几十年交往中，不管个人经历、社会地位如何变化，他们的深厚友谊始终不变。正如湛甘泉所说的，他与王阳明是道义之交。“予与阳明子、石龙子为道义之交，中虽有离合而此志不移。”湛甘泉还希望与王阳明同作一本传记。“某平生与阳明公同志，他年当同作一传矣。”湛甘泉与王阳明不仅具有共同的志向，而且在学术上相互交流，相互讨论，相互吸取对方的学术观点。王阳明说：“某幼不问学，陷溺于邪僻者二十年，而始究心于老释，赖天之灵，因所有觉，始乃沿周、程之说求之，而若有得焉，顾一二同志之外，莫予翼也。岌岌乎仆而后兴。晚得友于甘泉湛子，而后吾之志益坚，毅然若不可遏，则予之资于甘泉多矣。”王阳明一生的学术路径坎坷，学术思想摇摆不定，自从与湛甘泉相识以后，得到了湛甘泉很大的帮助，从湛甘泉的学术思想中获取了很多思想资源。特别是湛甘泉的“自得之学”对王阳明的影响巨大。王阳明说：“甘泉之学务求自得者也。……吾与甘泉友，意之所在，不言而会，论之所及，不约而同，期于斯道，毙而后已者。”王阳明吸取了湛甘泉“自得之学”的思想，对于湛甘泉的思想精髓，不言说都能领会。他与湛甘泉进行讨论，不用约定，其结论也相同。虽然，王阳明认为，湛甘泉“随处体认天理”的思想与自己的“致良知”思想存在分歧，并认为“随处体认天理”的思想有“逐外忘内”的片面性，“随处体认天理”的思想是“支离之学”，但他对“随处体认天理”的思想也给予了充分的肯定，“随处体认天理，是真实不诳语，鄙说初亦如是”。王阳明认为“随处体认天理”的思想是真正实在的，不是诳诞没有根据的说法，与自己初期的说法是相同的。王阳明“致良知”的思想体系成熟后，与“随处体认天理”的思想分歧不断扩大，并对湛甘泉“随处体认天理”的思想进行了批判。他认为“随处体认天理”只是枝叶之学，“致良知”才是根本之学。“凡鄙人所谓致良知，与今之所谓体认天理之说，本亦无大相远，但微直截迂曲之差耳。譬之种植，致良知者，是培其根本之生意而达之枝叶者也；体认天理者，是茂其枝叶之生意而求以复之根本也。”王阳明从为学路径来比喻“致良知”与“随处体认天理”的差异。王阳明认为，“致良知”的方法是从根本到枝叶的方法，这种方法简易直截。“随处体认天理”的方法是从枝叶到根本的方法，这种方法迂回曲折。通过这样的讨论，使王阳明“致良知”思想更加充实、完善。

湛甘泉也深受王阳明思想的影响，并从王阳明的思想中吸取资源。“昨承面谕《大学》格物之义，以物为心意之所著。荷教多矣。”湛甘泉受王阳明的“格物”思想的影响，尤其是王阳明关于物是意识的对象的思想，对湛甘泉的影响很大。湛甘泉的“天理”说深受王阳明“良知”说的影响，他认为自己的“天理”说与王阳明“良知”说并不矛盾，它们有相同的地方，可以相互补充，相互运用。“故良知必用天理，天理莫非良知，不相用，不足以为知天。良知必用天理，则无空知；天理莫非良知，则无外求。”湛甘泉认为，良知必用天理来充实，用天理来规范，这样良知就不是毫无内容的空知。天理就是良知，天理就在心中，这样就不必向外去寻求良知。在此基础上，湛甘泉认为“随处体认天理”的思想与“致良知”的思想在本质上没有区别，只是人们对两家思想的理解和运用不同，因而认为两家思想是不同的。“盖两家之学，善用则同，不善用则异。故吾区区之心念，初与阳明公共起斯文，虑晚或失其初，而每与之明辨，如韶州讲良知良能一章，忠于阳明者至也。”在湛甘泉看来，他之所以同王阳明反复地进行讨论和辩论，就是为了进一步阐明“随处体认天理”与“致良知”在本质上是相同的。湛甘泉特别提出在韶关讲学时，他讲述“良知良能”这一章的思想，是忠于王阳明“致良知”思想的。

当然，湛甘泉在强调“随处体认天理”与“致良知”之同时，也没有回避两者之异。针对王阳明认为“随处体认天理”是“逐外而忘内”的支离之学的说法，湛甘泉进行了反驳与辩论。湛甘泉一方面阐述了“随处体认天理”不是“逐外而忘内”的支离之学，它是内外合一之学。“体认天理云者，兼知行合内外言之矣。”另一方面，湛甘泉认为王阳明的“致良知”是“是内而非外”的支离之学。“夫所谓支离者，二之之谓也。非徒逐外而忘内谓之支离，是内而忘外者，亦谓之支离，过犹不及耳。”湛甘泉同意王阳明批评的“逐外而忘内”是支离之学的观点，同时，他也指出王阳明的“致良知”是“是内而非外”的支离之学。湛甘泉从心学本体论和修养论两个方面批评了“致良知”是“是内而非外”的支离之学。关于心，湛甘泉认为王阳明心学的“心”是腔子内（人心内）的“小心”，“小心”是内在的。湛甘泉心学的“心”是“大心”，“大心”是无内无外、内外合一的。湛甘泉说：“盖阳明与吾看心不同。吾之所谓心者，体万物而不遗者，故无内外。阳明之所谓心者，指腔子里而为言者也，故以吾之说为外。”湛甘泉认为，甘泉心学所讲的“心”，是体认天地万物而不遗漏天地万物的“心”，这个“心”既在天地万物之中，又在天地万物之外，这个“心”是内外合一的“大心”。王阳明心学的“心”仅是人的道德主体，它仅仅是内在于人胸腔内的“小心”。关于修养论，湛甘泉认为王阳明的修养方法是“是内非外”

的。这首先表现在王阳明对格物的看法上。王阳明说："格者，正也，正其不正以归于正之谓也。"格是端正、纠正，端正、纠正心中不正的念头使之回归到正途。格是内在的心理行为。"物者，事也，凡意之所发必有其事，意所在之事谓之物。"物是事，是人们所从事的一种行为、一种活动，它虽然包括事上磨炼的工夫，但物的实质意义是一种行为，一种活动，"格物"就是人们从事某项活动、某种行为时，首先必须端正心中的念头。王阳明认为格物就是"致良知"。"若鄙人所谓致知格物者，致吾心之良知于事事物物也。吾心之良知，即所谓天理也。致吾心之良知之天理于事事物物，则事事物物皆得其理也。"王阳明的修养方法是内在的。湛甘泉"随处体认天理"的修养方法是内外合一的，这首先体现在格物上。湛甘泉认为格的含义是至，物的含义是天理。"格者，至也。……物者，天理也。"格物的含义就是造道，体认天理。"格物者，即造道也。"造道即达到道，道就是天理。天理是无内无外、内外合一的，格物也是内外合一的。"知行并进，学问思辨行，所以造道也。故读书、亲师友、酬应，随时随处，皆求体认天理而涵养之。"格物既包含内心的反思，也包含外在的读书、亲师友、酬应，格物是内外合一的。格物也是致知。"致知云者，盖知此实体也，天理也，至善也，物也，乃吾之良知良能也，不假外求也。"致知就是认识、体认心中的天理。这与"格物"就是"至道"的思想是一致的。由于人心受外物的蒙蔽，心中的天理不能彰显出来，因此又需要学问思辨行的工夫去掉外物的蒙蔽，以彰显心中的天理。"但人为气习所蔽，故生而蒙，长而不学则愚，故学问思辨笃行诸训，所以破其愚，去其蔽，警发其良知良能者耳。"因此湛甘泉的修养方法是涵养与致知合一的内外合一的方法，"涵养须用敬，进学在致知"。湛甘泉通过与王阳明的论学和讨论，形成了内外合一的心学思想体系，克服了王阳明"致良知"的"是内而忘外"的弊端，创新性发展了明代心学思想。